U0338629

国家出版基金项目
NATIONAL PUBLICATION FOUNDATION

الحل الصيني للحوكمة العالمية

الصين والأمن السيبراني الدولي

فريق الخبراء المعني بكتاب "الحل الصيني لحوكمة الأمن السيبراني الدولي"

 China Intercontinental Press

图书在版编目（CIP）数据

国际网络安全治理的中国方案：阿拉伯文 /《国际网络安全治理的中国方案》专家组著；王海罡译 . -- 北京：五洲传播出版社，2020.2

（全球治理的中国方案）

ISBN 978-7-5085-4375-8

Ⅰ . ①国… Ⅱ . ①国… ②王… Ⅲ . ①互联网络—网络安全—研究—世界—阿拉伯语 Ⅳ . ① TP393.08

中国版本图书馆 CIP 数据核字（2021）第 003806 号

"全球治理的中国方案"丛书

出 版 人：荆孝敏

国际网络安全治理的中国方案（阿拉伯文）

著　　者：本书专家组

阿文翻译：王海罡

阿文审定：عمرو عبد الهادي السيد ماضي　　袁琳娴

责任编辑：苏　谦

装帧设计：北京翰墨坊广告有限公司

出版发行：五洲传播出版社

地　　址：北京市海淀区北三环中路 31 号生产力大楼 B 座 7 层

邮　　编：100088

发行电话：010-82005927，82007837

网　　址：http://www.cicc.org.cn http://www.thatsbooks.com

承 印 者：北京圣彩虹科技有限公司

版　　次：2021 年 1 月第 1 版第 1 次印刷

开　　本：787mm×1092mm 1/16

印　　张：11.75

字　　数：200 千字

定　　价：158.00 元

فهرس

المقدمة

صادف عام ٢٠١٩ الذكرى الخمسين لميلاد الإنترنت، وهو أيضًا العام الخامس والعشرون لوصول الصين الشامل إلى الإنترنت؛ إذ تحولت الصين من دولة متخلفة في عالم الإنترنت إلى دولة ذات شبكة كبيرة تضم ٨٥٠ مليون مستخدم للإنترنت ومجموعة من شركات الإنترنت ذات الشهرة العالمية، وأصبحت قوة مهمة في الفضاء السيبراني.

مع التطور السريع لشبكة الإنترنت في الصين، فإنها تواجه أيضًا تحديات ضخمة في مجال الأمن السيبراني مثل أمان البيانات الشخصية وحماية البنية التحتية الحيوية والجرائم الإلكترونية.

أشار الأمين العام للجنة المركزية للحزب الشيوعي الصيني شي جين بينغ إلى أنه بدون الأمن السيبراني، لن يتم تحقيق الأمن القومي، ولن تسير العمليات الاقتصادية والاجتماعية بشكل مستقر، ولن يتم ضمان مصالح الجماهير. ومن ثَمّ أصبح التعامل مع هذه التحديات أمرا لا يتعلق فقط بالحفاظ على السيادة الإلكترونية للصين، ولكنه يصب في مصلحة ٨٥٠ مليون مستخدم للإنترنت وفي مصلحة التطور الصحي لصناعة الإنترنت أيضا.

يعتبر الأمن السيبراني تحديا مشتركا يواجه المجتمع الدولي. فتقع مسؤولية حماية الأمن السيبراني على عاتق الحكومات والشركات والمستخدمين في جميع البلدان. ويُعد تعزيز التبادلات والتعاون بين البلدان إجراءً مهمًا للتعامل مع تحديات الأمن السيبراني. أشار الرئيس شي جين بينغ في رسالة تهنئة وجهها إلى المؤتمر العالمي للإنترنت في عام ٢٠١٩، إلى أنه تقع على عاتق المجتمع الدولي مسؤولية تطوير الإنترنت واستخدامه وإدارته بشكل جيد، وبالطريقة التي يمكن لشبكة الإنترنت أن تعود بالفائدة على البشرية بشكل أفضل. ويجب على جميع البلدان اتباع اتجاه العصر وتحمل مسؤولية التنمية ومواجهة المخاطر والتحديات معًا، كذلك الدفع بالحوكمة العالمية إلى الفضاء السيبراني، والسعي إلى تعزيز بناء مجتمع ذي مصير مشترك في الفضاء السيبراني.

إن الصين لن تحقق إنجازاتها في مجال الأمن السيبراني بدون التبادلات والتعاون مع المجتمع الدولي، بما في ذلك الاستفادة من التجارب الناجحة والفاشلة للبلدان الأخرى. وفي الوقت نفسه،

بصفتها دولة كبيرة تضم ٨٥٠ مليون مستخدم للإنترنت، لا يمكن للصين إنجاز الأعمال في مجال الأمن السيبراني بشكل جيد بدون حكمتها، وتفاني حكومتها وشعبها.

يُعد الإطار النظري والخبرة العملية اللذان اكتسبتهما الصين في مجال الأمن السيبراني، أيضًا، إسهامًا مفيدًا في استجابة المجتمع الدولي المشترك لتحديات الأمن السيبراني.

لطالما أولى المجتمع الدولي اهتمامًا وثيقًا لإستراتيجية الأمن السيبراني للصين وسياساته، الأمر الذي يوضح تأثير الصين المتزايد في مجال الحوكمة الدولية للفضاء السيبراني، كما يُظهر توقعات المجتمع الدولي لجهود الصين في مجال الأمن السيبراني. لاحظنا أيضًا أن بعض الدول ووسائل الإعلام في العالم لديها آراء مختلفة حول بعض سياسات الأمن السيبراني للصين، وهو ما يعكس بشكل أساسي عدم فهمهم لسياسات الأمن السيبراني الصينية، إذ شكلت الحواجز الثقافية واللغوية عقبات أمام التبادلات بين الصين والدول الأجنبية إلى حد ما، مما دفع العالم الخارجي إلى تقييم سياسات الشبكة الصينية على أساس الفهم الخاطئ للحقائق. لا يؤدي سوء الفهم إلى سوء التقدير فحسب، بل يؤثر أيضًا في إمكانية السعي إلى توافق الآراء والتعاون. فعلى سبيل المثال، في بداية تنفيذ تدابير حماية الأمن السيبراني، حددت الصين المبدأ الأساسي المتمثل في أن الأمن السيبراني هو من أجل الشعب، ويعتمد على الشعب. والآن بدأت أعداد متزايدة من الدول الغربية في تأكيد هذه النقطة. ومن المعتقد أنه من خلال تعميق التبادلات، يمكن لجميع الأطراف تعزيز التعاون لمواجهة تحديات الأمن السيبراني الدولية معا.

"الصين والأمن السيبراني الدولي" كتاب يقدم جهود استكشاف الصين وممارساتها في مجال الأمن السيبراني. فهو لا يغطي فقط جهود استكشاف الصين لمفاهيم الحوكمة ونظرياتها في مجال الأمن السيبراني، ولكنه يشمل أيضًا ممارسات عملية للصين في إستراتيجيات الأمن السيبراني وقوانينه وسياساته ومعاييره وصناعاته ومواهبه. ويضم هذا الكتاب خمسة فصول، تم تأليفها من قبل كل من: د- لو تشوان ينغ، ود- لي يان، ود- تسو شياو دونغ، ود- هونغ يان تشينغ، ود- تشن شينغ يويه، وقد قاموا في فصول الكتاب بتوضيح شامل لنظريات الصين وممارساتها في مجال حوكمة الأمن السيبراني الدولي من منظور مهني لكل واحد منهم، ويعتقد هؤلاء المؤلفون أن عملهم يمكن أن يوفر أسلسًا مفيدًا للمجتمع الدولي لفهم إستراتيجية الأمن السيبراني للصين وسياساته بشكل شامل ودقيق.

١٢ ديسمبر عام ٢٠١٩

الباب الأول

حوكمة الأمن السيبراني الدولي ومجتمع ذو مصير مشترك في الفضاء الإلكتروني

أصبح الأمن السيبراني الدولي قضية مهمة تؤثر على الأمن والسلم العالميين، وهو تهديد وتحدي يواجهه المجتمع الدولي والحكومات بشكل مشترك. بعد اندلاع حادثة سنودن في يونيو ٢٠١٣، وفي مواجهة التحديات في مجال الأمن السيبراني، أحرز المجتمع الدولي بعض التقدم في تعزيز حوكمة الأمن الدولي في الفضاء السيبراني، كما أصدرت الحكومات المختلفة تقارير عن إستراتيجية الأمن السيبراني ووضعت ونفذت سياسات الأمن السيبراني في مختلف المجالات. من الناحية الموضوعية، وفي ظل تهديدات الأمن السيبراني المتزايدة والمتغيرة باستمرار، لم تتمكن جهود الحوكمة الدولية ولا استراتيجيات الدول من تحسين الاتجاه المتدهور للأمن السيبراني. في السنوات الخمس الماضية، كان الأمن السيبراني الدولي في مأزق، حيث فشل المجتمع الدولي في التوصل إلى توافق في الآراء بشأن نظام قواعد حوكمة الأمن السيبراني وبناء آلية حوكمة فعالة. لذلك، فمن الضروري التفكير بعمق في النظريات والممارسات الحالية في مجال الأمن السيبراني الدولي، والبحث عن الأسباب الجذرية للمشاكل، والسعي إلى حلها، ودفع المجتمع الدولي إلى بناء مجتمع ذي مصير مشترك في الفضاء الإلكتروني.

الفصل الأول

تحليل لمفهوم الحوكمة الأمنية الدولية في الفضاء الإلكتروني

يعد الأمن السيبراني الدولي محل اهتمام المجتمع الدولي الحالي، حيث أصبحت ظواهر مثل مراقبة الشبكات على نطاق واسع وسباق التسلح في الفضاء الألكتروني وهجمات فيروس الابتزاز الإلكترونية والهجمات الإلكترونية على البنية التحتية للتمويل والطاقة وغيرها من البنى التحتية الرئيسية العالمية، من أهم عوامل زعزعة استقرار نظام الأمن الدولي. وبدأت الحكومات بما في ذلك الحكومة الصينية تولي اهتماما بالغا لقضايا الأمن السيبراني الدولي، وخصصت قدرا كبيرا من الموارد للحفاظ على الأمن السيبراني الدولي وإنشاء آليات الحوكمة المعنية. على الرغم من تحقيق بعض الإنجازات، إلا أن العالم لا يزال يواجه تحديات خطيرة. فمقارنةً بالقضايا العالمية التقليدية، تعد حوكمة الأمن السيبراني الدولي قضية حوكمة عالمية معقدة متعددة المستويات وعابرة التخصصات والمجالات. ومع حلول عصر المعلومات والذكاء الاصطناعي، زاد التوسع المستمر لمضامين الأمن السيبراني من صعوبة فهم مفهوم الأمن السيبراني.

من منظور ممارسات الأمن السيبراني الدولي، يتضمن الأمن السيبراني بشكل أساسي ثلاثة مستويات هي البنية التحتية والبيانات والمحتوى. وتشمل قضايا الحوكمة في المستويين الأولين أمن البنية التحتية الحيوية وحماية البيانات المهمة، وهي تتعلق بالتعاون في مجال الأمن السيبراني بين البلدان وتحديد حكومات كل دولة لإستراتيجيات وسياسات وقواعد سلوكية للفضاء الإلكتروني في الدولة ذاتها. أما أمن المحتوى فهو قائم على إدارة محتوى المعلومات، ودلالاته أكثر تعقيدًا نظرا لوجود أوجه تشابه واختلاف بين مختلف البلدان في الوقت الحالي. فمن ناحية أوجه التشابه، توصلت البلدان إلى إجماع بشأن معالجة الأخبار المزيفة واستغلال الأطفال إباحيا

عقدت القمة الثالثة لأمن معلومات الشبكة للصين في يونيو ٢٠١٨ ببكين.

وخطاب الكراهية وغيرها من المشاكل.

أما من ناحية أوجه الاختلافات، فتتمثل في اختلاف كل دولة حول القضايا الإيديولوجية، حيث ترفض بعض الدول الدينية السيطرة الصارمة على التصريحات المتعلقة بالدين على الإنترنت، أولى بعض الدول النامية، بما فيها الصين، اهتماما قويا لحوكمة المحتويات الإيديولوجية المرتبطة بالاستقرار الاجتماعي. فيما لم تبدأ معظم الدول الغربية المتقدمة الاهتمام بقضايا الأيديولوجيات على الإنترنت إلا بعد ظهور ما يسمى بتدخل القراصنة في الانتخابات، إذ أن هذه الدول كانت مهتمة فقط باتهام بسياسات الإنترنت الخاصة بالدول الأخرى تحت ذريعة "حماية الحرية السيبرانية". وعلى وجه العموم يعتبر أمن المحتوى ضمن نطاق السياسة العامة للإنترنت في مختلف البلدان، ولا يتعلق كثيرا بقضايا الأمن السيبراني على المستوى الدولي.

من منظور البحث العلمي تتطلب دراسة الأمن السيبراني وجهة نظر متعددة التخصصات وتتطلب معرفة نظرية بتكنولوجيا الشبكات والعلاقات الدولية والقانون الدولي والصحافة والإعلام والعلوم السياسية والاقتصادية والاجتماعية. وفي مواجهة مثل هذا النظام المعقد للحوكمة، فإن تجربة ومعرفة الحوكمة في المجالات الأخرى لا تنطبق ببساطة على مجال الأمن السيبراني الدولي. بل ينبغي إيلاء اهتمام أكبر للتفاعل مع الممارسة خلال حوكمة

الأمن السيبراني الدولي وتأسيس منظور تحليلي متعدد المستويات. إن خصائص الأمن السيبراني الدولي المتمثلة في تعدد المستويات والتخصصات والمجالات زادت من صعوبة إدراك وفهم الأمن السيبراني الدولي وبناء آليات الحوكمة الدولية. لذلك، فإن أي نظرية وممارسة للجهات الفاعلة وآليات حوكمة الأمن السيبراني الدولي أو أي قضية معنية، لا يمكن فصلها عن النظر في خصائص الشبكة.

١. القضايا الرئيسية لحوكمة الأمن السيبراني الدولي

مقارنةً بالمفهوم الواسع للحوكمة العالمية للفضاء الإلكتروني، فإن حوكمة الأمن السيبراني الدولي تُعد واحدة من المجالات الفرعية له، وهي تركز على قضايا الأمن السيبراني من منظور السلام والأمن الدوليين، وتشدد أكثر على إجراءات الدول ذات السيادة في مجالي الحوكمة الدولية وصياغة السياسات الداخلية. وفيما يخص الحوكمة الدولية، يعد التعاون الدولي للدول ذات السيادة في مجالات الدفاع الوطني السيبراني والاستخبارات وإنفاذ القانون والسياسات هو المحتوى الأساسي للحوكمة، وتشمل قضايا الحوكمة القواعد الدولية للفضاء الإلكتروني وقواعد سلوك الدول المسؤولة وانطباق القانون الدولي في الفضاء الإلكتروني وتدابير بناء الثقة ومكافحة الجريمة السيبرانية ومكافحة الإرهاب السيبراني وغيرها من القضايا، وكذلك التعاون بين البلدان في المساعدة التقنية وتبادل المعلومات. وعلى الرغم من اختلاف محتويات قضايا الأمن السيبراني إلا أن هناك تداخلات كثيرة بين هذه القضايا. إذا لم نتمكن من النظر إلى هذه القضايا من خلال منظور أكثر شمولاً، وتعزيز التفاعل بين آليات الحوكمة للقضايا المختلفة، فسيكون من الصعب اكتشاف سبب المشكلة وإيجاد الحل الفعال.

بالإضافة إلى بناء آليات الحوكمة الدولية، تُعد قدرات حوكمة الحكومات في مجال الأمن السيبراني أساسا وضمانا لتحقيق الأمن السيبراني الدولي. في السنوات الأخيرة، زادت الحكومات من اهتمامها بقضايا الأمن السيبراني كما خصصت مزيدا من الموارد للتعاطي مع قضايا الأمن السيبراني. أما على مستوى صياغة السياسات الداخلية، فتشمل قضايا الحوكمة بشكل أساسي التخطيط الاستراتيجي للأمن السيبراني، والقوانين والسياسات وأنظمة المعايير المعنية والممارسات العملية في المجالات الرئيسية مثل حماية البنية التحتية الحيوية وحماية المعلومات الشخصية وتدفق البيانات عبر الحدود، والخطط للارتقاء بصناعة الأمن السيبراني والتقنيات والمواهب المعنية. نظرًا للطبيعة العابرة للحدود للأمن السيبراني، فإن تحسين القدرات على ضمان الأمن السيبراني للحكومات المختلفة سيدفع تعاون دولي. ويجب على البلدان تنسيق السياسات وتبادل الخبرات والمساعدة التقنية في المجالات المذكورة أعلاه، وبناء نظام سياسات موحد، وبناء مجتمع مصير مشترك في الفضاء الإلكتروني.

٣. الجهات الفاعلة الرئيسية في الحوكمة الدولية

قضايا حوكمة الأمن السيبراني الدولي تجعل الحكومات والمنظمات الحكومية الجهات الفاعلة الرئيسية المشاركة في هذه الحوكمة. وتعتبر الحوكمة المتعددة الأطراف أكثر ملاءمة لبناء آليات حوكمة الأمن السيبراني الدوليي، وبالتالي فإن الحكومات والمنظمات الحكومية مثل الأمم المتحدة أصبحت الجهات الفاعلة الرئيسية المشاركة في الحوكمة الدولية للأمن السيبراني. ومع ذلك، مقارنةً بقضايا الحوكمة الدولية التقليدية، فإن الطبيعة المتعددة المستويات والتخصصات للأمن السيبراني زادت من تعقيد الجهات الفاعلة للحوكمة.

تشمل قضايا الأمن السيبراني الدولي مجالات واسعة، لذا تتعلق حوكمتها بالعديد من الدوائر الحكومية، مثل المؤسسات الدبلوماسية والدفاعية والاستخباراتية وكذلك إدارات إنفاذ القانون والعدالة والتجارة والصناعة والتعليم والإدارات الأخرى، حيث تضاعفت صعوبة التنسيق مقارنة مع قضايا الحوكمة العالمية التقليدية. ومن ناحية أخرى، نظرًا لأن الأمن السيبراني يمثل مشكلة ناشئة، فإن تقسيم الوظائف وحدود العمل على المستوى المحلي غير واضح، وهناك حالات متداخلة بين إدارات متعددة، الأمر الذي زاد من صعوبة تحديد المفاوضين المماثلين خلال التعاون

افتتاح الدورة الأولى من منتدى الصين والآسيان للفضاء السيبراني في مدينة نانئينغ بمقاطعة قوانغشي الصينية في ١٨ سبتمبر ٢٠١٤

رئيس منظمة ICANN فادي شحادة يلقي خطابًا رئيسيًا في الحفل الختامي للمؤتمر العالمي الثاني للإنترنت في مدينة ووتشن بمقاطعة تشجيانغ الصينية في ١٨ ديسمبر ٢٠١٥.

والمفاوضات الدولية.

إضافة إلى ذلك، تتعلق الحوكمة بمنظمات دولية متنوعة ومعقدة منها منظمات حكومية دولية مثل الأمم المتحدة ومنظمات متعددة الأطراف ذات قدرات حوكمة معينة مثل مجموعة العشرين ومجموعة السبع ومنظمة التعاون الاقتصادي والتنمية، وكذلك منظمات إقليمية مثل المنتدى الإقليمي للآسيان ومنظمة التعاون الاقتصادي لآسيا والمحيط الهادئ، والاتحاد الأفريقي. وهناك أيضا تداخل جزئي بين اهتمامات هذه المنظمات الحكومية الدولية.

أخيرًا، نظرًا لتعقيد الأمن السيبراني الدولي، فإن الجهات الفاعلة الأخرى، مع أنها لم تكن أطرافًا فاعلة رئيسية، تشكل أيضًا جزءًا لا يتجزأ من مناقشة آليات الحوكمة. على سبيل المثال تلعب المنظمات غير الحكومية الدولية، مثل ICANN والقطاع الخاص والأوساط الأكاديمية دوراً في الحوكمة الدولية.

٣. تطورات آليات الحوكمة الدولية

يتم تنفيذ حوكمة الأمن السيبراني الدولي بشكل أساسي على مستوى الأمم المتحدة والمنظمات المتعددة

الأطراف والمنظمات الإقليمية وكذلك على المستوى الثنائي. في الوقت الحاضر، تعتبر آلية فريق الخبراء الحكوميين المعني بأمن المعلومات التابع للأمم المتحدة، آلية مؤثرة على الساحة الدولية. وأنشأت لجنة نزع السلاح والأمن الدولي التابعة للجمعية العامة للأمم المتحدة (اللجنة الأولى) فريق الخبراء الحكوميين المعني بأمن المعلومات كمستشار للأمين العام في عام ٢٠٠٤ وفقًا لأمر رسمي من الأمين العام للأمم المتحدة لدراسة قضايا الأمن الدولي الناشئة وتقديم المقترحات المعنية. ويهدف فريق الخبراء الحكوميين إلى خدمة الأمم المتحدة في إنشاء "بيئة اتصالات مفتوحة وآمنة ومستقرة وسلمية وخالية من العوائق، وتتمثل مهامها الرئيسية في تعزيز تطبيق قواعد السلوك التي تعزز أمن واستقرار الفضاء السيبراني وتشجيع الدول الأعضاء في الأمم المتحدة على الإبلاغ عن وجهات نظرها سنويا وفقًا لقرار الجمعية العامة A/٥٣/٥٧٦، وإعطاء الأولوية للحوار بين الدول وتيسيره بشأن القضايا المعيارية التي تم توصلت إلى اتفاقات محدودة بشأنها وتشجيع الأطراف المتعددة على مشاركة وتحقيق وضع معايير الفضاء الألكتروني وحوكمته. ويعمل فريق الخبراء الحكوميين كمنصة مركزية على مناقشة قواعد السلوك الملزمة وغير الملزمة المنطبقة على استخدام الدول لتكنولوجيا المعلومات والاتصالات، بما في ذلك تطبيق القانون الدولي الحالي في بيئة تكنولوجيا المعلومات والاتصالات ومسؤولية الدولة والتزاماتها في الفضاء الإلكتروني، كما تتناول حماية البنية التحتية الحيوية، ومنع حوادث الأمن السيبراني وبناء الثقة والقدرات وحماية حقوق الإنسان. ويتم تشغيل وتطبيق الإطار الناتج عن مناقشة هذه القضايا من قبل مختلف المؤسسات المتخصصة الإقليمية ودون الإقليمية والثنائية والمتعددة الأطراف. على الرغم من أن التقرير النهائي لفريق الخبراء الحكوميين غير ملزم، إلا أنه يعتبر حجر زاوية مهما لتعزيز استقرار الفضاء الألكتروني. وبناءً على هذه التقارير، تم إطلاق عدد من المبادرات التكميلية على مختلف المستويات العالمية والإقليمية والثنائية، مما أسهم في نشر التوافق الذي توصل إليه الفريق على نطاق واسع وتعزيز بناء الثقة بين البلدان وأصحاب المصلحة الآخرين، كما عزز قدرة البلدان النامية على بناء الفضاء الإلكتروني.

عينت الأمم المتحدة خمسة أفرقة خبراء على التوالي، لكن أصدرت الأفرقة تقارير فقط في عام ٢٠١٠ و ٢٠١٣ و٢٠١٥، وتوصل تقرير عام ٢٠١٥ إلى سلسلة من الإجماعات المهمة، حيث أكد على الدور الهام لمعايير الشبكة في تعزيز الاستخدام السلمي لتكنولوجيات الاتصال وتحقيق استخدام تكنولوجيات الاتصال لتعزيز التنمية الاجتماعية والاقتصادية العالمية بشكل تام، كما قام التقرير تكميل قواعد سلوك الدول المسؤولة بشكل أوضح وأشمل بناءً على التقريرين السابقين، وعلى سبيل المثال، ينبغي ألا تسمح الدول للآخرين عمدا باستخدام أراضيها لارتكاب أفعال غير مشروعة دوليًا بواسطة تكنولوجيا الاتصال، وينبغي لأي بلد أن يستجيب بشكل مناسب طلب المساعدة

افتتحت في بكين الندوة الدولية حول الأمن السيبراني التي نظمتها الصين والأمم المتحدة في ١١ يوليو ٢٠١٦ تحت عنوان "المعايير والقواعد والمبادئ لبناء الفضاء الإلكتروني: تعزيز بيئة لتكنولوجيا المعلومات والاتصالات مفتوحة وآمنة ومستقرة ويمكن الوصول إليها وسلمية". الصورة أعلاه هي صورة جماعية لممثلي الدول المشاركة.

من بلد آخر تعرضت بنيته التحتية الحيوية لهجمات عبر تكنولوجيا الاتصالات، فضلا عن إضافات مهمة لتدابير بناء الثقة. بالإضافة إلى ذلك، ضم تقرير عام ٢٠١٥ محتويات كيفية تطبيق القانون الدولي على تكنولوجيات الاتصال، وشرح بشكل أوضح انطباق المبادئ الأساسية لميثاق الأمم المتحدة على الأمن السيبراني، وشملت هذه المبادئ المساواة في السيادة والتسوية السلمية للنزاعات الدولية وعدم التهديد بالقوة أو استخدامها ضد سلامة الأراضي والاستقلال السياسي لأي دولة واحترام حقوق الإنسان والحريات الأساسية وعدم التدخل في الشؤون الداخلية للبلدان الأخرى وغيره من المبادئ.

٤. مأزق مكافحة الجرائم الإلكترونية وفريق الخبراء الحكوميين المعني بالجرائم الإلكترونية التابع للأمم المتحدة

أصبحت الجرائم الإلكترونية واحدة من أبرز القضايا في مجال الأمن السيبراني، وهي أيضًا محور حوكمة الأمن السيبراني الدولي. كما شكلت التغيرات المستمرة لأشكال الجرائم الإلكترونية، تحديات للتجريم والتحقيقات وجمع الأدلة الإلكترونية وغيره من المسائل المتعلقة بمكافحة الجرائم الإلكترونية. بالإضافة إلى ذلك، نظرًا لوجود

عدد متزايد من الجرائم الإلكترونية عبر الحدود، فأصبحت سلامة آليات الحوكمة الدولية ضد الجرائم الإلكترونية هي المفتاح لكبح تنامي حالات الجرائم الإلكترونية بشكل متزايد. كانت اللعبة على المستوى الدولي حول هذه الآلية موجودة أساسيا بين الأمم المتحدة والمفوضية الأوروبية، في حين أن التعاون الدولي على مستوى مكافحة الجرائم الإلكترونية يتطلب قوة دافعة جديدة.

(١) الجرائم الإلكترونية تصبح نقطة صعبة في حوكمة الفضاء الإلكتروني الدولي

في الوقت الحاضر، هناك منظوران بحثيان مختلفان حول الجريمة الإلكترونية في الأوساط الأكاديمية. أحدهما هو اعتبار الشبكة موضوعا أو أداة أو وسيلة من منظور الجريمة، الجريمة الإلكترونية هي شكل آخر من أشكال الجريمة، والمنظور الآخر هو التأكيد على العلاقة بين الجريمة الإلكترونية والأمن السيبراني من منظور الأمن السيبراني. في الواقع، غالبًا ما يجمع الناس بين هذين المنظورين عند التعامل مع قضايا الجرائم الإلكترونية. ومع تسارع تطور الابتكار التكنولوجي وابتكار التطبيقات في الأمن السيبراني، أصبح فهم أكثر شمولاً لقضايا الجرائم الإلكترونية أمرًا بالغ الأهمية لتطوير آليات حوكمة الأمن السيبراني الدولية والمحلية.

(٢) فريق الخبراء الحكوميين المعني بمكافحة الجريمة الإلكترونية التابع للأمم المتحدة

يعد فريق الخبراء الحكوميين المعني بمكافحة الجريمة الإلكترونية التابع للأمم المتحدة أهم آلية دولية لمكافحة الجريمة الإلكترونية على مستوى الأمم المتحدة، تم إنشاؤها وفقًا لقرار الجمعية العامة للأمم المتحدة رقم ٦٥/٢٣٠، من قبل لجنة منع الجريمة والعدالة الجنائية في عام ٢٠١٠ وكان هدفه الرئيسي هو إجراء بحث شامل لقضايا الجريمة الإلكترونية والإجراءات التي اتخذتها الدول الأعضاء والمجتمع الدولي والقطاع الخاص حيال الجريمة الإلكترونية، بما في ذلك تبادل المعلومات حول التشريعات الوطنية وأفضل الممارسات والمساعدة التقنية والتعاون الدولي، بهدف استعراض الخيارات المتاحة وتعزيز القوانين والإجراءات القائمة وطرح القوانين والإجراءات الجديدة المحلية والدولية لمكافحة الجريمة الإلكترونية. تعترف الحكومة الصينية بعمل فريق الخبراء وتدعمه بنشاط، حيث لم تدفع فقط لإنشاء فريق الخبراء، ولكن أيضًا شاركت بنشاط في أعماله.

عقد الاجتماع الرابع لفريق الخبراء الحكوميين المعني بمكافحة الجريمة الإلكترونية في فيينا بالنمسا من ٣ إلى ٥ أبريل ٢٠١٨. أرسلت الحكومة الصينية وفداً حكومياً مكونا من وزارة الخارجية ووزارة الأمن العام ووزارة الصناعة وتكنولوجيا المعلومات ووزارة العدل لحضور الاجتماع. وتبنى الاجتماع خطة عمل فريق الخبراء للفترة

حضرت الشرطة الصينية والإسبانية مراسم نقل أدلة قضايا الاحتيال على شبكة الاتصالات في ١ يونيو ٢٠١٨، بمقر الإدارة العامة للشرطة الإسبانية في مدريد، حيث سلمت الشرطة الإسبانية لممثل وزارة الأمن العام الصينية أدلة تم جمعها خلال عملية مكافحة قضايا الاحتيال على شبكة الاتصالات والتي تتعلق بالصين.

من ٢٠١٨ إلى ٢٠٢١، كما أجرى خبراء من القارات الخمس مناقشة جماعية حول التشريعات والإدانة للجرائم الإلكترونية، وعرضوا الدراسات والخبرات للدول في قضايا التشريعات والتجريم لمكافحة الجريمة الإلكترونية، كما تفاعلوا مع ممثلي الحكومات.

وقبل ذلك، تم عقد الاجتماع الأول لفريق الخبراء في يناير ٢٠١١، والذي حدد بشكل رئيسي موضوعات الدراسة لفريق الخبراء وآلية العمل والإجراءات المحددة لفريق الخبراء. وفي عام ٢٠١٢، وتحت تنظيم أمانة فريق الخبراء، تم توزيع الاستبيانات على البلدان، وعلى أساس المعلومات التي تم جمعها، تمت دراسة مشكلة الجريمة الإلكترونية بشكل معمق، وإصدار تقرير بحث شامل ينقسم إلى ثمانية فصول تغطي الاتصال بالإنترنت والجرائم الإلكترونية وظواهر الجرائم الإلكترونية العالمية والأطر. التشريعية والقانونية والإدانات وإنفاذ القانون والتحقيق والأدلة الإلكترونية والعدالة الجنائية والتعاون الدولي ومنع الجريمة. ويتحلى هذا التقرير بقيمة كبيرة لفهم شامل للوضع العالمي للجريمة الإلكترونية والصعوبات الحالية التي تواجهها البلدان في عملها. في عام ٢٠١٣، عقد فريق الخبراء اجتماعه الثاني، مع التركيز على مناقشة تقرير البحث الشامل. وفي الاجتماع الثالث لفريق الخبراء لعام

٢٠١٧، تبادل ممثلو مختلف البلدان وجهات النظر حول تقرير البحث الشامل والتشريعات وأفضل الممارسات والمساعدة التقنية والتعاون الدولي لمكافحة الجريمة الإلكترونية.

يمثل فريق الخبراء الحكوميين المعني بمكافحة الجريمة الإلكترونية وفريق الخبراء الحكوميين المعني بأمن المعلومات التابع للجنة الأولى للجمعية العامة للأمم المتحدة آليتين مهمتين للحوكمة الدولية للفضاء السيبراني على مستوى الأمم المتحدة. لذلك، تكون الآليتان والقواعد المتوقعة هي محور اللعبة بين الأطراف المختلفة.

(٣) اللعبة بين الأطراف حول آلية الحوكمة الدولية لمكافحة الجرائم الإلكترونية

قبل إنشاء آلية فريق الخبراء التابع للأمم المتحدة، صاغت المفوضية الأوروبية في عام ٢٠٠١ اتفاقية إقليمية لمكافحة الجريمة الإلكترونية الإقليمية اتفاقية بودابست للجرائم الإلكترونية ودعت بشكل مستمر الخبراء من الدول خارج المنطقة إلى المشاركة من خلال التعاون والمساعدات، في محاولة لتحويل الاتفاقية إلى معيار قانوني لمكافحة الجريمة الإلكترونية على الصعيد العالمي. وتضم الاتفاقية حاليًا ٥٧ دولة عضوا و ١٥ دولة مراقبة بما في ذلك دول غير أوروبية مثل الولايات المتحدة واليابان وأستراليا وسريلانكا. وهي الاتفاقية الدولية الوحيدة في العالم بشأن الجريمة الإلكترونية، ويعتبر نظام المساعدة القضائية الدولية الخاص بالجرائم الإلكترونية أنشأتها الاتفاقية، هو إطار التعاون الأكثر نفوذاً في العالم.

وتعتبر ترقية القوانين الإقليمية بعد ممارستها الناجحة إلى القوانين الدولية من قبل المنظمات الدولية أمرا طبيعيا، ومع ذلك، تعتقد المفوضية الأوروبية أن اتفاقية بودابست للجرائم الإلكترونية يمكن أن تصبح قانونًا دوليًا مباشرة ولا تحتاج الأمم المتحدة إلى سن قانون دولي جديد. والفكرة تهدف إلى رفع المفوضية الأوروبية إلى وضع الأمم المتحدة والقضاء على أهمية ودور الأمم المتحدة في مكافحة الجريمة الإلكترونية. وتعتقد الصين وروسيا والبرازيل ودول نامية أخرى أن اتفاقية بودابست للجرائم الإلكترونية اتفاقية إقليمية صاغها عدد قليل من البلدان، لا تتمتع بالانفتاح الحقيقي والتمثيل الواسع للاتفاقيات العالمية ولا يمكن أن تعكس اهتمامات البلدان، لا سيما البلدان النامية. على سبيل المثال، نطاق الاتفاقية ضيق، ويركز على الجرائم المتعلقة بأجهزة الكمبيوتر وأنظمتها، وليس على الإرهاب السيبراني والجرائم التقليدية الأخرى المرتكبة باستخدام الإنترنت وكانت متطلبات ومعايير الاتفاقية لإجراءات التحقيق في الجرائم الإلكترونية عالية، كما تشكل أحكامها المتعلقة بالتحقيق عبر الحدود وجمع الأدلة دون موافقة سلطات الدولة انتهاكا على السيادة القضائية للبلد، والتي يصعب قبولها وتنفيذها من قبل البلدان النامية. لذلك، تدفع البلدان النامية مثل الصين وروسيا لوضع اتفاقية عالمية لمكافحة الجريمة الإلكترونية في إطار

الأمم المتحدة، كما عملت على دفع لجنة الأمم المتحدة لمنع الجريمة والعدالة الجنائية لتشكيل فريق الخبراء الحكوميين المعني بالجريمة الإلكترونية في عام ٢٠١٠ لدراسة الجريمة الإلكترونية واقتراح التدابير المضادة.

وكانت المشكلة الأساسية وراء هذه اللعبة هي أن دور الأمم المتحدة في الشؤون الدولية باعتبارها المنظمة الدولية الأكثر شرعية وصلاحية والتي أنشئت بعد الحرب العالمية الثانية يجب ألا تحل محله منظمة إقليمية. وإذا أصبح ذلك واقعا فسيكون له تأثير خطير على الأمم المتحدة ونظام الأمن بعد الحرب العالمية الثانية وسيؤثر على أمن واستقرار المجتمع الدولي.

الفصل الثاني
مأزق الأمن السيبراني الدولي

تعد "حادثة سنودن" التي وقعت في يونيو ٢٠١٣ علامة فارقة مهمة في تاريخ تطور الأمن السيبراني الدولي، حيث فتح ستار استخبار وعسكرة الفضاء الإلكتروني، وغير مسار تطور الأمن السيبراني الدولي، وأثار أيضًا أزمة عالمية للأمن السيبراني[a]. منذ ذلك الحين، عززت الحكومات المنافسة الإستراتيجية في الفضاء الإلكتروني، وفشلت آليات حوكمة الفضاء الإلكتروني، ووقع الأمن السيبراني الدولي في صعوبات[b]. وكانت تنكولوجيا الأمن السبيراني ومنطق الأمن التجاري والسياسي تلعب دورا مشتركا أدى إلى هذه الأزمة ولا يمكن اكتشاف مخرج المأزق إلا من خلال التحليل الشامل لعوامل التأثير على المستويات المختلفة وبناء آليات الحوكمة بطريقة مستهدفة.

١. حادثة سنودن ومأزق الأمن السيبراني الدولي

أدت "حادثة سنودن" إلى تفاقم تدهور حالة الأمن السيبراني الدولي، حيث تتصاعد النزاعات بين البلدان في مجال الشبكات، وانطلق سباق التسلح في الفضاء الإلكتروني. وفي الوقت نفسه، وفي ظل عدم اكتمال آليات الحوكمة المعنية بالفضاء الإلكتروني يواجه هيكل الأمن الدولي الحالي صعوبات في التعامل مع تحديات الأمن

---

a لو تشوان ينغ: تحليل لمأزق الحوكمة العالمية الحالي في الفضاء الإلكتروني، مجلة العلاقات الدولية الحديثة العدد التاسع لعام ٢٠١٣

b Ben Buchanan, The Cybersecurity Dilemma: Hacking, Trust and Fear Between Nations, Oxford University Press; ١ edition (February ١, ٢٠١٧).

عقد مؤتمر الصين لأمن الإنترنت لعام ٢٠١٧ تحت عنوان "كل شيء هو إجراء أمن" في ١٢ سبتمبر ٢٠١٧ في بكين، وحضره قرابة ١٠٠٠ من خبراء أمن المعلومات من أكثر من ١٠٠ شركة ومنظمة معنية من جميع أنحاء العالم. حيث تم مناقشة مسألة حوكمة الأمن في مجالات مهمة مثل الجريمة الإلكترونية وأمن الحكومة والمؤسسات والذكاء الاصطناعي.

السيبراني ووقع في مأزق أمني. يتكون بشكل أساسي من ثلاث ظواهر، أولها منافسة الدول الكبرى في مجال الأمن السيبراني والتي نجمت عن تطور مضامين الأمن السيبراني الدولي والثانية هي فشل آلية الحوكمة الدولية للفضاء الإلكتروني في التعامل مع إدارة الأزمات وتخفيف النزاعات، والثالثة هي أن ميزات الأمن السيبراني الدولي دفعت الدول الكبرى إلى إطلاق مواجهة منخفضة الدرجة في الفضاء الإلكتروني. وأدى التفاعل بين الظواهر الثلاث والألعاب الاستراتيجية والمعضلات المؤسسية والمواجهات في نهاية المطاف إلى مأزق الأمن السيبراني.

(أ) الأمن السيبراني يصبح مجالا جديدا للمنافسة بين الدول الكبرى

شهد تعريف الأمن السيبراني تغيرا جوهريا بعد "حادثة سنودن"، ليتوسع ويتحول من أمن الشبكات (network security) وأمن المعلومات (information security) في الماضي، إلى الأمن السيبراني (cyber security)، كما قامت معظم الحكومات برفع الأمن السيبراني إلى مستوى الأمن الشامل (comprehensive security). قبل ذلك، كان فهم المجتمع الدولي للأمن السيبراني يبقى على مستوى الجرائم الإلكترونية وأمن شبكات الكمبيوتر وأمن

عُقد منتدى الإنترنت الصيني الأمريكي الخامس في العاصمة الأمريكية واشنطن من ٧ إلى ٨ ديسمبر ٢٠١١، حيث صرح المندوب الصيني بوضوح بأن الصين تعارض أي شكل من أشكال الحروب الإلكترونية وسباق التسلح في الفضاء الإلكتروني. تظهر الصورة أعلاه وو جيان بينغ، نائب رئيس جمعية الإنترنت الصينية، يلقي كلمة في الاجتماع لعرض تطور الإنترنت في الصين.

المعلومات. لكن "حادثة سنودن" أثارت نقاشًا واسعا حول الأمن السيبراني في المجتمع الدولي وغيرت تدريجياً فهم المجتمع الدولي للأمن السيبراني[a]. وتوسعت مضامين الأمن السيبراني بشكل مستمر، حيث تظهر قضايا الأمن الجديدة مثل البيانات الضخمة والأمن القومي وأمن أيديولوجيات الشبكات والحرب الإلكترونية وأمن المعلومات الشخصية، باستمرار على جدول أعمال الأمن السيبراني الدولي. إن توسع مفهوم ودلالة الأمن السيبراني يوضح تقارب الأمن السيبراني والأمن في المجالات السياسية والاقتصادية والثقافية والاجتماعية والعسكرية. أصدرت الحكومة الصينية كتابا تحت عنوان "الاستراتيجية الوطنية لأمن الفضاء الإلكتروني" قامت فيه بتعريف ووصف عشرات التهديدات للأمن السيبراني من حيث خمسة جوانب رئيسية، بما في ذلك تهديد التسلل السيبراني للأمن السياسي، وتهديد الهجمات الإلكترونية للأمن الاقتصادي، وتقويض المعلومات الضارة على شبكة الإنترنت للأمن الثقافي وتقويض الإرهاب السيبراني والجرائم

---

a   Joseph Nye Jr . "Deterrence and Dissuasion in Cyberspace," International Security, 41(3), 2017, pp44-71.

الإلكترونية للأمن الاجتماعي والمنافسة الدولية في الفضاء الإلكتروني[a]. وذلك بمعنى أن الأمن السيبراني ليس مجرد جزء من مفهوم الأمن القومي الشامل، بل إنه يزيد من مضامين مفهوم الأمن القومي الشامل ويجعله أكثر شمولا[b]. لذلك، أصبح تعزيز التركيز على الأمن السيبراني والتصدي للتهديدات التي يتعرض لها الأمن السيبراني محور اهتمام الحكومات.

دفع تحسين الوعي بالأمن السيبراني الدول الكبرى إلى زيادة اهتمامها بالأمن السيبراني وتخصيص المزيد من الموارد في هذا المجال، مما جعل الأمن السيبراني مجالاً رئيسيًا للمنافسة الاستراتيجية بين الدول الكبرى. حيث قامت الدول الكبرى بترقية الأمن السيبراني إلى مستوى استراتيجي. وأصدرت الدول الكبرى بما فيها الصين والولايات المتحدة وروسيا استراتيجياتها لأمن الفضاء الإلكتروني، وأعادت تنظيم هياكل حوكمة الأمن السيبراني، ورقّت بأهمية للأمن السيبراني في جدول أعمالها الوطنية. حيث أشارت الحكومة الصينية في "الاستراتيجيات الوطنية لأمن الفضاء الإتكتروني" إلى أن أمن الفضاء الإلكتروني له تأثير على المصالح المشتركة للبشرية، وعلى السلام والتنمية العالميين، وعلى الأمن القومي لجميع البلدان[c]. بينما اقترحت روسيا بوضوح تعزيز القوة العسكرية للفضاء السيبراني، وأشارت في طبعة عام ٢٠١٦ من "نظرية أمن المعلومات" إلى أن مجال المعلومات يلعب دورًا مهمًا في ضمان تنفيذ الاستراتيجية الوطنية لتطوير الأولويات للاتحاد الروسي[d]. في حين وضعت الحكومة الأمريكية إستراتيجية "تقييم سياسة الأمن السيبراني" في عام ٢٠٠٩ ليحدد الفضاء الإلكتروني بأنه الفضاء الاستراتيجي الخامس بعد الأرض والمحيط والفضاء والفضاء الخارجي[e].

أصبح تطوير القوة السيبرانية في المجالات العسكرية والاستخباراتية ومجال إنفاذ القانون والإدارة، وسيلة

---

a الإدارة الصينية للفضاء الإلكتروني: الاستراتيجية الوطنية لأمن الفضاء الإلكتروني، ٢٧ ديسمبر ٢٠١٦، http://www.cac.gov.cn/٢٠١٦-١٢/٢٧/c_١١٢٠١٩٥٩٢٦.htm

b مفهوم الأمن الوطني الشامل مفهوم طرحه القادة الصينيون في الجلسة العامة الأولى للجنة الأمن الوطني المركزية في ١٥ أبريل ٢٠١٤. أدى تطوير الأمن السيبراني إلى إثراء دلالة أمن المعلومات، ليرتبط ارتباطًا وثيقًا بعشرة مجالات أمن أخرى، حيث يقع مفهوم الأمن الشامل في المستوى الأعلى، بينما تقع مجالات الأمن العشرة الأخرى في المستوى المتوسط، أما المستوى السفلي فهو الأمن السبيراني المتصل بالمجالات العشرة.

c الإدارة الصينية للفضاء الإلكتروني: الاستراتيجية الوطنية لأمن الفضاء الإلكتروني، ٢٧ ديسمبر ٢٠١٦.

d بان جيه، لو تشوان ينغ: قراءة في تعديلات استراتيجية الفضاء الإلكتروني الروسية من منظور نظرية أمن المعلومات للحكومة الاتحادية، مجلة أمن الملومات وسرية الاتصالات، العدد الـ٢ لعام ٢٠١٧

e The White House,"Cyberspace Policy Review: Assuring A Trusted and Resilient Information and Communications Infrastructure", http://www.whitehouse.gov/assets/documents/Cyberspace_Policy_Review_final.pdf

هامة لدعم الاستراتيجيات الوطنية والاستجابة للأزمات الإلكترونية. ومع استمرار ارتفاع مستوى المعلوماتية، يتزايد عدد وأهمية البنية التحتية الحيوية التي تعتمد الدولة عليها في مجال الاقتصاد والمال والطاقة والمواصلات. وفي ظل هذا الاتجاه، أصبح الأمن السيبراني نقطة خطر جديدة في المجالات السياسية والاقتصادية والثقافية والاجتماعية والعسكرية وغيرها. وفي مواجهة بيئة الأمن السيبراني المتزايدة التعقيد، تميل الدول إلى تطوير قدراتها العسكرية في الفضاء الإلكتروني لمواجهة المهام والتحديات الجديدة. ووفقا للإحصاءات ذات الصلة شكلت حوالي ١٠٠ دولة قوات الشبكة العسكرية. وبدأ عدد متزايد من البلدان تهتم ببناء قوات دفاعية في الفضاء الإلكتروني. أشارت الحكومة الصينية في "استراتيجية التعاون الدولي في مجال الفضاء الإلكتروني" إلى أن "بناء قوات الدفاع الوطنية في الفضاء الإلكتروني هو جزء مهم من الدفاع الوطني الصيني والتحديث العسكري، وهو يتبع السياسة الثابتة لاستراتيجية الدفاع العسكري النشط ذات الطابع الدفاعي، وستعمل الصين على تفعيل دور الجيش المهم في الحفاظ على السيادة والأمن المصالح التنموية في الفضاء الإلكتروني، وتسريع بناء قوة الفضاء السيبراني، وتحسين القدرات على فهم الوضع في الفضاء الإلكتروني، والدفاع السيبراني، ودعم عمليات الفضاء السيبراني الوطنية والمشاركة في التعاون الدولي، وكبح أزمة الفضاء السيبراني الكبرى، وحماية الأمن السيبراني الوطني، الحفاظ على الأمن الوطني والاستقرار الاجتماعي"[a]. أشارت روسيا في "نظرية أمن المعلومات"، إلى أنه من الضروري "قمع ومنع النزاعات العسكرية الناجمة عن استخدام تكنولوجيا المعلومات بشكل استراتيجي، مع تحسين نظام أمن المعلومات للقوات المسلحة للاتحاد الروسي، والوحدات والمؤسسات العسكرية الأخرى، بما في ذلك قوة ووسائل الصراع المعلوماتي"[b]. نظرا لكون تطوير القوة العسكرية السيبرانية حقلا استراتيجيا جديدا، يمكن بسهولة كسر توازنه الدولي ليتسبب في سباق التسلح. وفي الآونة الأخيرة، طورت الولايات المتحدة والمملكة المتحدة ودول أخرى بنشاط قوات شبكة هجومية سعيا للأمن المطلق في الفضاء الإلكتروني والقدرة على تنفيذ استراتيجيات الردع السيبراني. الأمر الذي يجر الفضاء الإلكتروني لمسار سباق التسلح، خاصة وأن الولايات المتحدة والمملكة المتحدة أعلنت عن عمليات إلكترونية هجومية في ساحات القتال في أفغانستان والعراق، كما أن هذه الدول تسعى دائمًا إلى البحث عن الأساس في القانون الدولي وقوانينها الداخلية،

---

a وزارة الخارجية لجمهورية الصين الشعبية، الإدارة الصينية للفضاء الإلكتروني: استراتيجية التعاون الدولي في مجال الفضاء الإلكتروني، ١ مارس ٢٠١٧

http://news.xinhuanet.com/politics/٢٠١٧-٠٣/٠١/c_١١٢٠٥٥٢٧٦٧.htm

b بان جيه، لو تشوان ينغ: قراءة في تعديلات استراتيجية الفضاء الإلكتروني الروسية من منظور نظرية أمن المعلومات للحكومة الاتحادية، مجلة أمن الملومات وسرية الاتصالات، العدد الـ٢ لعام ٢٠١٧

وتدفع هذه الإجراءات تطور الأمن السيبراني نحو سباق التسلح[a].

(٢) المواجهة في بناء الآليات الدولية تؤدي إلى تفاقم مأزق الأمن السيبراني

جلب تطور مفهوم الأمن السيبراني وتصاعد المنافسة الاستراتيجية بين الدول تحديات جديدة تواجه بناء آليات حوكمة الأمن السيبراني الدولي. بعد "حادثة سنودن"، حاول المجتمع الدولي التوصل إلى توافق في الآراء خلال فترة وجيزة في مجال القواعد الدولية للفضاء السيبراني، وفي عام ٢٠١٤، عقدت البرازيل مؤتمراً لأصحاب المصلحة المتعددين (Net Mundial) لمناقشة الرد على مراقبة الشبكات الواسعة النطاق والعمليات السيبرانية الهجومية وغيرها من آليات الحوكمة الدولية. وتوصل فريق الخبراء الحكوميين المعني بأمن المعلومات التابع للأمم المتحدة (UNGGE) في الفترة من ٢٠١٤ إلى ٢٠١٥ إلى توافق في الآراء بشأن معايير الشبكة مثل قواعد سلوك الدول المسؤولة وتطبيق القانون الدولي في مجال الفضاء الإلكتروني وتدابير بناء الثقة[b]. ومع ذلك، اختفى تأثير مؤتمر أصحاب المصلحة المتعددين بعد فترة قصيرة، وفشل فريق الخبراء لعامي ٢٠١٦-٢٠١٧ في التوصل إلى إجماع لإصدار تقرير بسبب الاختلافات في مسؤولية الدولة والتدابير المضادة، وشهدت جهود المجتمع الدولي لبناء آليات حوكمة الأمن السيبراني الدولي جموداً[c].

---

a Joseph Nye Jr."Deterrence and Dissuasion in Cyberspace," International Security, ٤١(٣), ٢٠١٧, pp٤٤-٧١.

b Group of Governmental Experts on Developments in the Field of Information and Telecommunications in the Context of International Security, UN General Assembly Document A/٧٠/١٧٤, July ٢٢, ٢٠١٥.

c أوضح البيان الرسمي الصادر عن ممثلي مجموعة الخبراء الأمريكية والروسية بعد الاجتماع الأسباب الرئيسية التي أعاقت توصل فريق الخبراء إلى إجماع. أنظر إلى

Michele G. Markoff, "Explanation of Position at the Conclusion of the ٢٠١٦-٢٠١٧ UN Group of Governmental Experts (GGE) on Developments in the Field of Information and Telecommunications in the Context of International Security", June ٢٣, ٢٠١٧, https://www.state.gov/s/cyberissues/releasesandremarks/٢٧٢١٧٥.htm Krutskikh, Andrey, "Response of the Special Representative of the President of the Russian Federation for International Cooperation on Information Security Andrey Krutskikh to TASS' Question Concerning the State of International Dialogue in This Sphere", June ٢٩, ٢٠١٧, http://www.mid.ru/en/foreign_policy/news/-/asset_publisher/cKNonkJE٠٢Bw/content/id/٢٨٠٤٢٨٨.

عقد الحوار المشترك الثاني الرفيع المستوى حول مكافحة الجرائم الإلكترونية والقضايا ذات الصلة بين الصين والولايات المتحدة في بكين في ١٤ يونيو ٢٠١٦.

بالإضافة إلى ذلك، ينعكس مأزق آليات الحوكمة أيضًا في أن المعايير الحالية لم يتم تنفيذها بجدية. على سبيل المثال، ذكر تقرير فريق الخبراء الحكوميين المعني بأمن المعلومات لعام ٢٠١٥، أن "الدول توصلت إلى توافق بشأن عدم مهاجمة البنية التحتية الحيوية في البلدان الأخرى." ولكن حوادث مماثلة للهجوم على محطات الطاقة الأوكرانية حدثت مرارًا وتكرارًا. وذكر التقرير أيضًا أنه "يجب على الدولة الالتزام بمبادئ السيادة الوطنية والمساواة في السيادة والتسوية السلمية للنزاعات وعدم التدخل في الشؤون الداخلية للدول الأخرى عند استخدام تكنولوجيا المعلومات". لكن في الممارسة الواقعية، تم تدمير السيادة الإلكترونية للعديد من البلدان بشكل متكرر وتحدث حالات التدخل في الشؤون الداخلية للدول الأخرى بشكل متكرر. على وجه الخصوص، عند التعامل مع النزاعات السيبرانية، غالباً ما تُستخدم العقوبات الأحادية بدلاً من الوسائل السلمية[a].

تعد المنافسة بين البلدان أحد العوامل الرئيسية في فشل آليات الحوكمة الدولية. تعكس هذه المنافسة

---

[a] Group of Governmental Experts on Developments in the Field of Information and Telecommunications in the Context of International Security, UN General Assembly Document A/٧٠/١٧٤, July ٢٢, ٢٠١٥.

الاختلافات في مفاهيم الحوكمة والسياسات بين المعسكرات المختلفة. تؤكد البلدان النامية على السيادة الإلكترونية، وتتمسك بالدور الرئيسي للحكومة في إدارة الفضاء الإلكتروني، والمكانة الرئيسية للأمم المتحدة في وضع القواعد الدولية. بينما تشدد البلدان المتقدمة على حرية الإنترنت، وتدعو إلى نموذج حوكمة أصحاب المصلحة المتعددين، وتشكك في فعالية الأمم المتحدة في مجال حوكمة الأمن السيبراني. ومع استمرار تعميق عملية وضع القواعد الدولية للفضاء الإلكتروني، تزداد صعوبة حل الخلافات بين البلدان النامية والبلدان المتقدمة على المدى القصير. أدى اتجاه الانقسام بدوره إلى تفاقم المواجهة بين البلدان المتقدمة والبلدان النامية في آليات الحوكمة الدولية[a]. على سبيل المثال، تعمل الولايات المتحدة والدول الغربية على الترويج لما يسمى بالدول المتشابهة في التفكير من خلال منصة مجموعة السبع، فيما أصبحت مجموعة البريكس ومنظمة شانغهاي للتعاون المنابر الرئيسية للبلدان النامية لترويج مفاهيم وسياسات الحوكمة.

لم يجعل فشل آلية الحوكمة الآليات المعنية بإدارة أزمات الشبكات وحل النزاعات على المستوى الدولي في حالة فراغ فحسب، بل له أيضًا تأثير كبير على بعض التعاون والحوار الثنائي. على سبيل المثال، علقت مجموعة العمل الأمريكية الروسية للشبكات أعمالها بعد "حادثة سنودن" ومن الصعب استئناف عملها في المدى القصير. كما كانت مجموعة صينية أمريكية لعمل الأمن السيبراني قد علقت أعمالها بسبب اتهام أمريكي ضد عسكريين صينيين، وتم في وقت لاحق إنشاء آلية الحوار المشترك الصيني الأمريكي الرفيع المستوى ضد الجريمة السيبرانية والمسائل ذات الصلة بفضل الجهود المشتركة لقادة الصين والولايات المتحدة، ثم تمت ترقيتها إلى الحوار الصيني الأمريكي حول إنفاذ القانون والأمن السيبراني الذي يركز بشكل أساسي على مكافحة الجريمة السيبرانية ولا يشمل القضايا العسكرية السيبرانية[b]. لذا فإنه في ظل غياب آليات التحكم في الأزمات وحل النزاعات، يسهل تصعيد النزاعات بين البلدان في الفضاء الإلكتروني، وتطبيق الإجراءات الانفرادية المضادة، مما يؤدي إلى تفاقم مأزق الأمن السيبراني.

(٣) تطبيع الصراعات المنخفضة الشدة يؤدي إلى تفاقم المعضلات الأمنية

في ظل الظروف التقنية الحالية، تتميز الهجمات السيبرانية بمستويات منخفضة من العنف والفتك مقارنة

---

a لو تشوان ينغ: تحليل لمأزق الحوكمة العالمية الحالي في الفضاء الإلكتروني، مجلة العلاقات الدولية الحديثة، العدد الـ٩ لعام ٢٠١٣

b FACT SHEET: President Xi Jinping's State Visit to the United States, "Whitehouse, September"
٢٥، ٢٠١٥، https://www.whitehouse.gov/the–press–office/٢٠١٥/٠٩/٢٥/fact–sheet–president–xi–jinpings–statevisit–united–states.

كبار مسؤولي الاستخبارات الأمريكية يحضرون جلسة استماع في الكونغرس في ٥ يناير ٢٠١٧ بواشنطن للإدلاء بشهادتهم ضد القراصنة الروس في قضية التدخل في الانتخابات الأمريكية

بسلوكيات الحرب الواقعية. في العلوم العسكرية، يشير العنف إلى الأضرار المادية والنفسية للجسم البشري، والجسم البشري هو الهدف الأول للعنف. ونظرا لطبيعة الأسلحة السيبرانية والهجمات الإلكترونية فإن عنفها أقل بكثير من الأسلحة التقليدية والحروب. كما تفتقر الأسلحة السيبرانية إلى السمات الرمزية للأسلحة المادية، ومواجهتها المخفية وغير الظاهرة تجعلها مختلفة تمامًا عن الأسلحة مثل الطائرات الحربية والقذائف في القتال الفعلي[a]. لذلك، تعتبر معظم العمليات السيبرانية أقل شدة من الحرب وهي صراعات منخفضة الشدة. حتى ولو كانت العمليات الإلكترونية لدولة ما قد تعرض الأمن القومي لدول أخرى للخطر، فإن القانون الدولي الحالي يفتقر إلى أحكام واضحة بهذا الخصوص لأن هذه العمليات لا تصل إلى حالة اندلاع الحرب. لذلك، تعتبر الحرب السيبرانية نوعًا جديدًا من الحروب الخاصة، ولا يوجد حتى الآن إجماع واضح على تعريف الحرب الإلكترونية ودلالاتها وتأثيرها.

---

a   الحرب السيبرانية لن تحدث، من تأليف توماس ريد وترجمة شيوي لونغ دي، بكين: دار الشعب للنشر، ٢٠١٧، الصفحة الـ٥٨

خصائص الهجمات السيبرانية مثل انخفاض العنف والتحركات المخفية تجعل الأشكال المختلفة من العمليات السيبرانية أكثر تواتراً وتؤدي إلى المزيد من النزاعات السيبرانية. بعد نهاية الحرب الباردة، تم الحفاظ على السلام الشامل بين القوى الكبرى، وكانت المواجهة المباشرة نادرة للغاية. لكن أحداث مثل برنامج بريسم وفيروس ستكسنت واختراق شركة سوني والقرصنة للتدخل في الانتخابات، أظهرت أن عمليات الدول في الفضاء الإلكتروني أصبحت أكثر تواتراً، وأصبحت الوسائل والأهداف والدوافع أكثر تنوعًا، كما أصبحت الصراعات الناتجة أكثر حدة. لذلك، يعرف بعض العلماء هذا النوع من العملية السيبرانية التي تتراوح شدتها بين الحرب السيبرانية (cyber warfare) واستخبارات الإشارات (signal intelligence) بأنها الصراعات السيبرانية المنخفضة الشدة، حيث لم يصل هذا النوع من العملية السيبرانية إلى مستوى الحرب، أي أقل من عتبة الحرب التي نص عليها القانون الدولي، ولكن شكل الصرا ع أكثر شدة بكثير من جمع المعلومات. يبدو أن الصراعات السيبرانية المنخفضة الشدة لا تخلف عواقب وخيمة على الأمن القومي للدول والأمن الدولي، لكن الصراعات المنخفضة الشدة والعالية التواتر يمكن أن تحول التغيرات الكمية إلى التغيرات النوعية، وفي النهاية اختراق الخط الأحمر عند نقطة معينة، مما يتسبب في صراعات شرسة ويعرض الأمن الدولي للخطر[a]. على سبيل المثال، العقوبات الشديدة التي فرضتها الولايات المتحدة بسبب ما زعمته من التدخل في الانتخابات تدل على أن الولايات المتحدة تغير نظرتها السابقة تجاه العمليات الإلكترونية. تبنت الولايات المتحدة ما يسمى بالعقوبات عبر الحدود لفرض عقوبات على الكيانات والأفراد الروس، ومارست ضغوطًا دبلوماسية على روسيا لطرد المسؤولين الدبلوماسيين الروس في الولايات المتحدة وإغلاق المؤسسات الدبلوماسية الروسية[b]. يمكن ملاحظة أن الصراعات السيبرانية المنخفضة الشدة يجب أن تكون مجالا تركز عليه قواعد الحوكمة الدولية للفضاء الإلكتروني.

٣. الأسباب وراء المأزق الأمني

إن ظواهر المنافسة بين الدول الكبرى، وفشل آلية الحوكمة الدولية، والصراعات السيبرانية المنخفضة الشدة، ومأزق الأمن السيبراني الدولي، تتفاعل مع بعضها البعض لتشكل العلاقة السببية المتبادلة مما يخلق مأزقا أمنيا

a Brandon Valeriano Ryan C. Maness, Cyber War Versus Cyber Realities: Cyber Conflict in the International System, Oxford University Press; edition (May ١ ,٢٦ ٢٠١٥) pp.٢٠-٢٣

b لو تشوان ينغ: مأزق حوكمة الأمن السيبراني وبناء الآليات من منظور السياسة الدولية... قضية التدخل في الانتخابات الأمريكية كمثال، مجلة النظرة الدولية، العدد الـ٤ لعام ٢٠١٦

مؤسسيا يبدو من الصعب حله. ولحل هذا المأزق، نحتاج إلى تحليل معمق للأسباب وراء هذه الظواهر، ودراسة الخصائص التقنية للأمن السيبراني وسمات المنتجات والخدمات السيبرانية، ومزيد من التحاليل للمنطق السياسي للأمن السيبراني الدولي على هذا الأساس.

(١) منطق الأمـن التقني للشبكة

طالما كانت التكنولوجيا عنصرا متغيرًا مهمًا في دراسات العلاقات الدولية، فقد ساعد النهوض بالعلم والتكنولوجيا بشكل مباشر أو غير مباشر في تحويل العلاقات الدولية. ومن منظور الأمن السيبراني الدولي، أدى منطق الأمن التقني إلى مشكلتين جديدتين هما صعوبة تتبع المصدر وصعوبة الدفاع، وله تأثير مباشر على اختيار الدول الكبرى لاستراتيجيتها للأمن السيبراني وأعمالها للحوكمة الدولية. تتسم الشبكة بالغفلية والانفتاح وانعدام الأمن (insecurity) وغيره من السمات. ترتبط الغفلية والانفتاح بهندسة الإنترنت، وتعني الغفلية أن هوية مستخدمي الإنترنت تظل مجهولة، ويمكن تجنب تتبع المصدر من خلال التشفير والوكالة، فيما يشير الانفتاح إلى الربط بشبكة الإنترنت العالمية من خلال نظام بروتوكول موحد، وتكون الأجهزة المتصلة بالإنترنت متصلة ببعضها البعض، كما يعني انعدام الأمن أن أي جهاز ونظام مصمم من قبل البشر يحتوي على درجات مختلفة من الأخطاء من الناحية النظرية، ويمكن استغلال هذه الأخطاء باعتبارها نقاط ضعف وبالتالي مهاجمتها. يشير الأمن السيبراني في الأصل إلى حماية السرية (confidentiality) والتكامل (integrate) والتوافر (availability) لأنظمة وأجهزة الكمبيوتر. لذلك، هناك هدفان مهمان لاستراتيجيات الأمن السيبراني للدول هما حماية بيانات الشبكة والبنية التحتية الحيوية. وضع الأمن السيبراني القائم على خصائص التقنيات السيبرانية المذكورة أعلاه يتسم بصعوبة تتبع المصدر وصعوبة الدفاع وغيرها من السمات. وبالتالي فإن المنطق الذي تم تشكيله هو أن وضع الأمن السيبراني يميل إلى الجانب المهاجم، فيميل صناع القرار العقلاني إلى تبني بناء القدرات وتعزيز تخصيص الموارد للدفاع عن النفس واكتساب ميزة تنافسية استراتيجية.

صعوبة تتبع المصدر. زاد الانفتاح والغفلية لتقنية الشبكة من صعوبة تتبع المصدر. يصعب على أساليب التحقيق وجمع الأدلة الحالية اكتشاف المهاجمين الفعليين للتهديد المستمر المتقدم (APT) ما أدى إلى الفشل في معاقبة المهاجمين في كثير من الأحيان. يعتبر تتبع المصدر التكنولوجيا الأساسية والمجال الأكثر إثارة للجدل في مجال الأمن السيبراني الدولي. تحدد عملية التتبع مصدر الهجوم، وبالتالي توفر شروطًا قضائية أساسية لتحديد

في يونيو ٢٠١٧، تعرضت أوكرانيا لهجوم سيبراني واسع النطاق شمل العديد من البنوك والشركات وشبكة الكمبيوتر في أكبر مطار في العاصمة الأوكرانية.

طبيعة حوادث الأمن السيبراني الدولي والاستجابات القانونية المتخذة[a]. نظرًا لغفلية الشبكة وانفتاحها، وإضافة إلى تقنيات إخفاء الهوية، غالبًا ما يقوم المهاجمون بتمويه سلوكهم وهويتهم، مما يزيد من صعوبة التتبع. ووقعت بالفعل العديد من حوادث الأمن السيبراني التي لا يمكن تقديم أي دليل تقريبًا لإثبات مصدرها. لذلك، من الصعب على المجتمع الدولي إظهار موقفه تجاه المهاجم والمهجوم عليه واتخاذ إجراءات لمعاقبة المهاجم. نأخذ حادث فيروس "ستكسنت" كمثال، كشفت وسائل الإعلام عن الحادث أمام العالم بعد سنوات عديدة من حدوثه. لكن وكالات الاستخبارات الأمريكية والإسرائيلية التي طورت الفيروس لم تصدر أي تعليق على ذلك. أصاب فيروس "ستكسنت" ومتغيراته العديد من محطات الطاقة في جميع أنحاء العالم على التوالي، وأصبح خطراً خفيًا كبيرًا على سلامة البنية التحتية الحيوية للبلدان. وعلى الرغم من ذلك، لا توجد آلية يمكن أن تحفز المجتمع الدولي على إدانة أو معاقبة مطور الفيروس الذي كشفته وسائل الإعلام. ولا تزال تحدث الحوادث المماثلة للهجمات على محطات كهرباء أوكرانية

---

a   Martin Libicki, Cyber deterrence and Cyberwar. Santa Monica: RAND Corporation, ٢٠٠٩.

والنظام المصرفي الإستوني بشكل متكرر، مما قلل من ثقة المجتمع الدولي في الأمن السيبراني.

صعوبة الدفاع. من الناحية النظرية، فإن وجود الثغرات الأمنية في الشبكات أمر شائع، سواء بالنسبة لجهاز متصل بالشبكة أو رموز تشكل النظام، فكلها مصمم من قبل الأشخاص. لذلك، لا يمكن تجنب الأخطاء والعيوب، ولا يمكن لأي جهاز أن يكون آمنًا تمامًا، ويمكن أن يكون جميع الأجهزة المتصلة بالشبكة أهدافًا للهجمات الإلكترونية. وخاصة على خلفية تزايد انتشار تنقية المعلومات، تواجه البلدان مهمة حماية المزيد من البنية التحتية الحيوية. والحقيقة هي أن الثغرات الأمنية منتشرة على نطاق واسع في أنظمة البنية التحتية الحيوية، لمختلف الصناعات والمؤسسات، ما يسفر عن تكاليف وضغوط هائلة على الحكومات في حمايتها. على سبيل المثال، تقسم الولايات المتحدة بنيتها التحتية الحيوية إلى ١٧ فئة، ولكن لم تعلن عن عددها. وتتطلب الحماية الكاملة لهذه البنية التحتية الحيوية كمية هائلة من القوى العاملة والموارد المادية والموارد المالية، خاصة وأن العديد من مشغلي البنية التحتية الحيوية هم الشركات التي تملك موارد محدودة، ولا ترغب في الإفصاح عن المعلومات حول تعرضها للهجمات الإلكترونية في كثير من الأحيان. وبالنسبة للمهاجمين، فإن كثرة الأهداف وعدم حمايتها بشكل كامل، تمنحهم عددًا كبيرًا من فرص الهجوم. وفي الوقت نفسه، تزيد غفلية الفضاء الإلكتروني من صعوبة الدفاع.

(٢) منطق الأمن التجاري

تعتبر الأعمال التجارية قوة دافعة مهمة لتطور النظام الدولي، حيث تعتقد الليبرالية الهيكلية أن تكوين نظرية الترابط بين الدول لا ينفصل عن تطور التجارة الدولية. من منظور الأمن الدولي، تعد التجارة من العوامل المهمة أيضًا، على سبيل المثال، تعتبر مراقبة صادرات التكنولوجيا الفائقة بموجب اتفاقية واسنار آلية مهمة للتأثير على الأمن الدولي من خلال التجارة. من منظور الأمن السيبراني الدولي، فإن الأمن القومي والاعتبارات السياسية يغيران تدريجياً منطق الأمن التجاري بسبب تزايد الاستخدام المزدوج لتكنولوجيا الشبكات ومنتجاتها وخدماتها في الجانبين العسكري والمدني، الأمر الذي أثار مناقشات حول "القومية التقنية". لذلك، فإن منطق الأمن التجاري هو عامل مهم يؤدي إلى مأزق الأمن السيبراني الدولي، لا يمكننا أن نخفف بشكل فعال من مأزق الفضاء الإلكتروني إلا من خلال إدراك طبيعة مشاكله وتنفيذ أعمال الحوكمة الدولية المعنية من منظور أمن سلسلة التوريد.

من منظور الأمن السيبراني الدولي، فإن الاستخدام المزدوج العسكري والمدني لمنتجات الشبكات قد غير تدريجياً مفهوم المنافسة والانفتاح والتعاون في المنطق التجاري التقليدي. حيث أن الاستخدام المزدوج العسكري والمدني للتكنولوجيا والمنتجات والخدمات أكثر وضوحا في مجال الشبكات، وله تأثير أكبر على المنطق التجاري

عقدت لجنة المخابرات بمجلس النواب الأمريكي جلسة استماع علنية في ١٣ سبتمبر ٢٠١٢ حول ما إذا كانت شركتا هواوي وZTE الصينيتان تشكلان تهديدات للأمن القومي الأمريكي.

التقليدي. على سبيل المثال، كشفت "حادثة سنودن" أن شركات الإنترنت، بما في ذلك Microsoft و Google و Twitter و Facebook و Amazon وغيرها، تعاونت مع وكالة الأمن القومي الأمريكية لتقديم كمية هائلة من معلومات المستخدمين إلى وكالات الاستخبارات الحكومية الأمريكية دون علم المستهلكين والبلدان الأخرى[a]. إضافة إلى ذلك تحاول الوكالات العسكرية والاستخباراتية، بما في ذلك وكالة الأمن القومي الأمريكية والقيادة السيبرانية الأمريكية اكتشاف الثغرات الأمنية في خدمات ومنتجات شركات الإنترنت الكبرى واستغلالها لتطوير أسلحة للعمليات الإلكترونية. لذلك، لم تعد أهداف الهجمات السيبرانية مجرد الشبكات العسكرية والشبكات الحكومية، بل شملت أيضا البنية التحتية الحيوية المدنية.

من منظور الاستخدام المزدوج العسكري والمدني لمنتجات وخدمات الشبكات، يصعب الحفاظ على الحياد

---

a The Guardian, "NSA Prism program taps in to user data of Apple, Google and others", June ٧,٢٠١٣. http://www.theguardian.com/world/٢٠١٣/jun/٠٦/us-tech-giants-nsa-data

التجاري للأنشطة التجارية لشركات الإنترنت الكبيرة، إذ تحتاج الإدارات العسكرية والأمنية أيضًا إلى استخدام منتجات وخدمات الإنترنت المتطورة لتعزيز قدراتها. على سبيل المثال، توفر شركة Amazon منصات خدمات سحابية للعديد من الوكالات الاستخباراتية والعسكرية الأمريكية لتحسين مستوى المعلومات للجيش الأمريكي[a]. أدى هذا الوضع إلى افتقاد الحكومات إلى الثقة في المنتجات والخدمات التي تقدمها شركات الإنترنت الأجنبية، حيث تميل أكثر إلى استخدام المعدات والخدمات التي تقدمها الشركات المحلية لضمان عدم تعاون شركات الإنترنت الأجنبية مع الحكومات الأخرى لإلحاق الضرر بالأمن السيبراني. في الوقت نفسه، بدأت حكومات مختلف الدول تعيد النظر في الغرض من أنشطة هذه الشركات الأمريكية في الدول المختلفة، وعززت عمومًا المراجعة الأمنية لمنتجات وخدمات شركات الإنترنت من البلدان الأخرى. ومع تفاقم مأزق الأمن السيبراني، يبرز منطق تجاري جديد في ميدان الأمن السيبراني الدولي، ما يشكل تحديا جديدا للشركات والبلدان، فضلاً عن النظام الاقتصادي والأمني الدوليين. سوف يقوض هذا التوجه أمن سلسلة التوريد ويكون له عواقب وخيمة على تنمية التجارة العالمية. على سبيل المثال، يرتبط جزء كبير من النزاع بين الصين والولايات المتحدة في مجال التجارة بالتعاون الاقتصادي الرقمي، حيث يضم التحقيق الذي أطلقته الولايات المتحدة ضد الصين بموجب البند ٣٠١ من قانون التجارة الأمريكي لعام ١٩٧٤، يضم جزءا خاصا بالقضايا التي يسببها الأمن السيبراني. كما تسعى الحكومة الأمريكية أيضًا إلى توسيع صلاحيات مجلس مراجعة الاستثمارات الأجنبية (CFIUS) وتدعو إلى فرض المزيد من القيود على الاستثمارات وتبادلات الأفراد والتعاونات التكنولوجية ذات الصلة بالصين في مجالات مثل الرقائق والذكاء الاصطناعي.

(٣) منطق الأمن السياسي الدولي

بعد الحرب الباردة، كانت المنافسة في مجال الأمن السياسي الدولي هي بين مفهومي سياسة القوة والاعتماد المتبادل، فتشمل مضامين العلاقات بين الدول الكبرى سياسة القوة وكذلك التعاون الاقتصادي المتبادل[b]، لكن كمجال جديد، لم يتم إنشاء القواعد والنظام في الفضاء الإلكتروني، حيث يعتمد الحفاظ على أمنه بشكل أساسي

a The Sputnik News, "Amazon Collects Another US Intelligence Contract: Top Secret Military Computing", June ١, ٢٠١٨.https://sputniknews.com/military/٢٠١٨٠٦٠١١٠٦٥٠٢٣٧٦٨—amazon/collectsanother-us-intelligence-contract

b "السلطة والاعتماد المتبادل" من تأليف روبرت كيوهان وجوزيف ناي وترجمة مون هونغ هوا، بكين: دار جامعة بكين للنشر، ٢٠١٢

في ٤ ديسمبر ٢٠١٧، أقام المؤتمر العالمي الرابع للإنترنت الذي عقد في مدينة ووتشن بمقاطعة تشجيانغ منتدى تحت عنوان "مؤسسات الفكر الدولية المتقدمة الخاصة بالإنترنت: نمط جديد من العلاقة بين القوى الكبرى في الفضاء الإلكتروني"، حيث تم مناقشة قضايا مثل المبادئ والمسارات والأساليب لبناء نمط جديد من العلاقة بين الدول الكبرى في الفضاء الإلكتروني ودور الدول الكبرى في وضع القواعد الدولية للفضاء الإلكتروني.

على قدرات الدولة، مما يؤدي إلى ميل ميزان منطق الأمن السياسي إلى سياسة القوة[a]. للأمن السيبراني الدولي وجهان هما الهجوم والدفاع، فمن ناحية الهجوم، يرسى الأمن السيبراني أساسا لمساعي الدولة نحو مزايا أمنية، فالقوة الوطنية ليست شرطًا ضروريًا للحفاظ على الأمن السيبراني فحسب، بل هي أيضًا دعامة للسعي إلى مزايا أمنية أوسع، ولهذا السبب بدأ منطق الأمن السياسي لسياسة القوة والذي يتمثل في التفكير المهيمن ومفهوم الأمن المطلق والانفرادية والاستباقية ينتشر بشكل تدريجي في الفضاء الإلكتروني. ومن ناحية الدفاع، تتسم تهديدات الأمن السيبراني بخصائص العمومية وعبر الحدود، وذلك يتطلب تعزيز التعاون بين البلدان لتصدي تحديات التهديد بشكل مشترك. وتعتبر مفاهيم الترابط والأمن الجماعي والتعاون المتعدد الأطراف في الليبرالية هي جوانب مهمة لحل مأزق الأمن السيبراني. بعد "حادثة سنودن"، ركزت دول العالم اهتمامها على التهديدات الأمنية، مما أدى

---

a   يانغ جيان: السلطة والثروة للحدود الرقمية، شانغهاي: دار الشعب للنشر بشانغهاي، ٢٠١٢، الصفحة الـ٦٧ إلى الـ٨٨.

إلى تفضيل منطق الأمن السياسي للنزعة الواقعية على نظيره للنزعة الليبرالية، الأمر الذي يدفع الأمن السيبراني الدولي باتجاه المنافسة الاستراتيجية وسباق التسلح.

تواجه البلدان أيضًا تحدي الأمن السيبراني كأمن غير تقليدي. من منظور الأمن التقليدي، يعتبر الأمن في مسألة على المستوى الوطني، والقوة هي أهم عامل في تحديد الأمن. وبالتالي يمكن اعتبار أن الدولة التي تتفوق على الدول الأخرى في الإستراتيجية العسكرية والقدرة القتالية والعلوم والتكنولوجيا وغيرها من المجالات ستكون بالتأكيد أكثر أمانًا من البلدان الأخرى. ومع ذلك، كأمن غير تقليدي، يرتبط الأمن السيبراني ارتباطًا سلبيًا مع مدى تطور المعلوماتية والرقمية في البلدان، كلما ارتفع مستوى انتشار تكنولوجيا المعلومات والرقمنة، زادت التهديدات التي تواجه البلدان. على الرغم من أن الدول المتقدمة قد أنفقت كمية كبيرة من الموارد للحفاظ على الأمن السيبراني، إلا أن مخاطر الأمن السيبراني التي تواجهها لم تتقلص بسبب زيادة عدد الأجهزة المتصلة بالإنترنت وعدد البنية التحتية الحيوية، ما يقلص ثقة الحكومات في دفاعاتها الخاصة بالأمن السيبراني، ويجعل التهديدات الأمنية مستمرة. أدى منطق الأمن السياسي الدولي الناتج عن خصائص الأمن السيبراني إلى عدم الشفافية في سياسات الأمن السيبراني، ونقص الاتصالات اللازمة، وصعوبة إجراء التعاون بين البلدان.

٣. بناء آليات حوكمة الأمن السيبراني الدولي

إن مأزق الأمن السيبراني الدولي هو نتيجة لتأثير مستويات مختلفة من العوامل، حيث يتركز عمل الحوكمة الدولية الحالي بشكل أساسي في مجال المنافسة السياسية الدولية، ولم يتمكن من الوصول إلى السبب الجذري للمأزق. في المستقبل، ينبغي أن تركز حوكمة الأمن السيبراني الدولي على المشكلات في مجالات التكنولوجيا والتجارة والأمن السياسي، وتعزيز بناء آليات الحوكمة، وتعزيز التعاون من خلال القنوات المتعددة الأطراف والثنائية، لحل مأزق الحوكمة الدولية للفضاء الإلكتروني.

(١) الحوكمة في تتبع المصدر والدفاع

من منظور منطق تقنية الأمن السيبراني، تعتبر الصعوبة في تتبع المصدر والدفاع مشكلة من الضروري حلها. تُعد مشكلة تتبع المصدر مهمة لأنها تتعلق بمسألة المسؤولية. نظرًا لعدم وجود منظمات دولية موضوعية ومحايدة للتحقيق في حوادث الأمن السيبراني، فقد انتهى معظم الهجمات الإلكترونية على البلدان بلا نتيجة، وتشجع هذه الظاهرة المزيد من الهجمات الإلكترونية وتعرقل نظام الأمن السيبراني الدولي. يعتقد بعض العلماء

قام مكتب الأمن العام لمدينة شنيانغ بزيارات وتحقيقات لأمن الشبكات، وقام بالتحقيق في مشكلات أمن الشبكات وحلها لبعض المؤسسات الصغيرة والمتوسطة الحجم التي لم تكن فيها إدارة مخصصة لصيانة الشبكات.

أنه من الضروري إنشاء مؤسسات معنية في إطار الأمم المتحدة للعمل على تتبع الهجمات الإلكترونية وإجراء التحقيقات المعنية، وبمجرد إنشاء مثل هذه المنظمات الدولية، فإنها ستشكل بالتأكيد ردعا كبيرا للمهاجمين، مما يحد من تصاعد الهجمات الإلكترونية. لكن لا تزال هناك بعض الصعوبات في تحقيق ذلك، والسبب الرئيسي هو أن عددًا قليلا من الدول الكبيرة قد احتكرت تكنولوجيات التتبع، ولا ترغب في مشاركتها مع البلدان الأخرى، ولا ترغب في المساعدة في تطوير أعمال التتبع على مستوى الأمم المتحدة[a]. في هذا الصدد، ينبغي أن يكون للمجتمع الدولي موقف واضح، وأن يتغلب على عرقلات بعض البلدان، وأن يدعم الأمم المتحدة في مباشرة الأعمال المتعلقة بتتبع المصدر.

أما مشكلة صعوبة الدفاع، فيجب حلها من منطلق بناء نظام دفاع سليم ومعيار أكثر أمانًا. ينطبق مبدأ

---

a Scott Warren and Martin Libicki, Getting to Yest With China in Cyberspace, California: RAND Corporation, ٢٠١٦, p. ٣٠.

"البرميل الخشبي"[a] أيضا على تطور الأمن السيبراني الدولي. من منظور المنتجات، ستؤثر أي نقطة ضعف لأي مكون على مستوى أمن المنتج بأكمله. لذلك، يجب على المجتمع الدولي رفع معايير منتجات وخدمات الشبكة. وعلى المستوى الوطني، تحدد البلدان الضعيفة في قدرة الدفاع المستوى العام للأمن السيبراني الدولي. وذلك لأن الأمن السيبراني قضية عابرة الحدود، وستصبح البلدان الضعيفة في قدرة الدفاع جزءًا مهمًا من عمليات المهاجمين السيبرانيين الذين يختبئون هويتهم ويشنون هجمات. لذلك، لا يعتمد حل مشكلة الدفاع عن الأمن السيبراني فقط على تحسين قدرة الدفاع لكل دولة على حدة، بل يعتمد أيضًا على تحسين القدرة العالمية على الدفاع. وينبغي تشجيع البلدان على إنشاء نظام أكثر شمولاً لحماية الأمن السيبراني والتعاون في حماية البنية التحتية الحيوية. كما من الضروري أيضًا اعتبار بناء القدرات لتحسين الأمن السيبراني عملا مهما للحوكمة وتحسين مستوى حماية الأمن السيبراني في البلدان النامية.

(٢) حوكمة أمن سلسلة التوريد

لقد غير الاستخدام المزدوج العسكري والمدني لتكنولوجيا الشبكات المنطق التجاري التقليدي، ما يثير مخاوف حول "القومية التقنية" ويحتاج إلى معالجة العلاقة بين مخاوف الأمن القومي والمنطق التجاري العادي من المصدر. وذلك يتطلب تجنب التأثر بالنزعة القومية وبحث الحوكمة الدولية لتكنولوجيا الشبكات ذات الاستخدام المزدوج العسكري والمدني من منظور أكثر احترافًا، ويعتبر أمن سلسلة التوريد منظورا مفيدا. تتجلى "القومية التقنية" بشكل أساسي في الثقة في المنتجات المحلية فقط، ورفض استخدام منتجات البلدان الأخرى تحت ذريعة الأمن القومي وعرقلة أنشطة الاستثمار العادية من البلدان الأخرى تحت ذريعة حماية الأمن القومي، واستخدام المزايا في احتكار التقنيات والمنتجات المحورية لرفض بيع التكنولوجيا والمنتجات المعنية إلى بلدان أخرى، من أجل خلق تأثير رادع. وفي الوقت الحاضر، تشهد الدول الغربية الكبرى توجها نحو "القومية التقنية" في سياساتها للأمن السيبراني وخاصة إدارة ترامب التي منعت الحكومة الفيدرالية من استخدام برنامج أمان الإنترنت الروسي "Kaspersky"، وكثفت إجراءات المراقبة على الاستثمار الصيني[b].

---

a يشير المبدأ إلى أن أقصر لوحة في البرميل الخشبي هي التي تحدد مستوى الماء الذي يمكن أن يحمله البرميل، فتحدد الحلقة الضعيفة والدولة الضعيفة في الأمن السيبراني المستوى العام للأمن السيبراني الدولي.

b Jeanne Shaheen, "The Russian Company That Is a Danger to Our Security", Sept. ٤, ٢٠١٧, https://www.nytimes.com/٢٠١٧/٠٩/٠٤/opinion/kapersky-russia-cybersecurity.html

تشوه "القومية التقنية" التجارة الدولية وتقوض مبدأ العدالة في التجارة. كما تعد "القومية التقنية" أيضًا مفهوما للأمن لا يمكن أن يصمد أمام التدقيق، فهي تعتقد أن المنتجات والخدمات المحلية أكثر أمانًا من المنتجات والخدمات الأجنبية. لكن في ظل الظروف العادية، يعتمد الأمان على جودة وسلامة المنتج، وليس على جنسية المنتج. ولا تظهر حالات تضر بالأمن القومي إلا في ظروف خاصة، مثل تعاون المنتج مع إدارة الأمن في بلد ما للقيام عن عمد بوضع ثغرات أمنية لتقويض الأمن السيبراني في بلدان أخرى. يعد تعزيز الحوكمة الدولية لأمن سلسلة التوريد حلاً فعالاً لمشكلة الاستخدام المزدوج العسكري والمدني للمنتجات والتقنيات. أولاً، يجب على المجتمع الدولي توفير نظام قياسي أكثر أمانًا لمعدات ومنتجات الشبكة. ثانياً، يجب أن تتوصل الحكومات إلى إجماع على عدم زرع الأبواب الخلفية والثغرات في منتجات الأمن السيبراني المدنية. دعت شركة مايكروسوفت الأمريكية في "اتفاقية جنيف الرقمية"، الحكومات إلى عدم استهداف شركات التكنولوجيا أو القطاع الخاص أو البنية التحتية الحيوية"[a]. أخيراً، ينبغي أن تركز "الدولة على مراجعة الأمن السيبراني والخدمات بدلاً من رفض المنتجات والاستثمارات الأجنبية في شكل تعطيل لقواعد التجارة. ويجب أن تطور الدولة قدرتها على إجراء مراجعات أمنية لمعدات وخدمات الأمن السيبراني من أجل بناء الثقة في المنتجات والخدمات، واستعادة الثقة في الشركات، وبناء قدرة ردع معينة لهذه الشركات. على سبيل المثال، وضعت الحكومة الصينية "تدابير مراجعة أمن منتجات وخدمات الشبكة" لتحسين إمكانية التحكم في أمن منتجات وخدمات الشبكة، ومنع مخاطر أمن الشبكة، والحفاظ على الأمن القومي[b].

(٣) تدابير بناء الثقة

من خلال وضع تدابير بناء الثقة، يمكن تغيير اتجاه تطور منطق الأمن السياسي. إن الحوكمة الفعالة على مستوى المنطقين التقني والتجاري ستقلل من تقييم الدولة لشدة التهديد وتساعد على تغيير ميزان منطق الأمن السياسي من سياسة القوة إلى الاعتماد المتبادل. تم تشكيل تدابير بناء الثقة في البداية بين التحالفات العسكرية خلال الحرب الباردة، وتم توسيع نطاق الإجراء ليشمل مجالات أخرى عسكرية وغير عسكرية. لطالما

---

a Kate Conger, "Microsoft calls for establishment of a digital Geneva Convention", Tech Crunch, February ١٤, ٢٠١٧.

b الإدارة الصينية للفضاء الإلكتروني: تدابير مراجعة أمن منتجات وخدمات الشبكة، ٢ مايو ٢٠١٧، http://www.cac.gov.cn/٢٠١٧-٠٥/٠٢/c_١١٢٠٩٠٤٥٦٧.htm

افتتاح ميناء المعلومات بين الصين والآسيان تحت عنوان "طريق الحرير البحري زائد الإنترنت... التعاون والمنفعة المتبادلة والفوز المشترك" في مدينة نانينغ بمنطقة قوانغشي الصينية في ١٣ سبتمبر ٢٠١٥

اعتبر فريق الخبراء الحكوميين المعني بأمن المعلومات التابع للأمم المتحدة تدابير بناء الثقة مهمة رئيسية في تحديد معايير الشبكة. وتشمل تدابير بناء الثقة في مجال الأمن السيبراني الدولي ثلاثة مستويات هي الاستقرار والتعاون والشفافية. حيث تشمل تدابير تحقيق الاستقرار تعزيز إدارة الأزمات ومنع النزاعات وإنشاء خطوط ساخنة تشمل تدابير التعاون تبادل البيانات والمعلومات على مستوى الاستجابة للطوارئ ومكافحة الإرهاب السيبراني، ومكافحة الجريمة السيبرانية بينما تشمل التدابير في مجال الشفافية إستراتيجية الشبكة واستراتيجية الدفاع الوطني وهيكل التنظيم ومعلومات عن الموظفين وغيرها. على الرغم من عدم وجود خلاف كبير بين الدول في مجال تدابير بناء الثقة إلا أن الصعوبة تكمن في كيفية تنفيذها. بناءً على النتائج السابقة، اقترح فريق الخبراء الرابع (٢٠١٤-٢٠١٥) مستوى أعلى من تدابير بناء الثقة، بما في ذلك إنشاء نقاط اتصال للسياسات وإنشاء آليات لإدارة الأزمات وتبادل، المعلومات الضارة والممارسات الناجحة وتعزيز آليات التعاون التقني والقانوني والدبلوماسي على المستوى الثنائي والإقليمي والمتعدد الأطراف، وتعزيز التعاون في مجال إنفاذ القانون، وتشجيع وكالات الاستجابة لحالات الطوارئ الحاسوبية على إجراء التنسيق والتمارين والممارسات

عقد منتدى الإنترنت الصيني الأمريكي الثامن بمقر شركة مايكروسوفت في سياتل بالولايات المتحدة الأمريكية في ٢٣ سبتمبر ٢٠١٥.

بشكل عملي[a].

نظرا للوضع الأمني الحالي للفضاء السيبراني والتحديات والمخاطر التي يواجهها الفضاء السيبراني، فإن تدابير بناء الثقة التي اقترحها فريق الخبراء مستهدفة للغاية، وهي تساعد البلدان على تعزيز التعاون في مجال الأمن السيبراني وتجنب تصاعد الأزمات والحفاظ على أمن الفضاء الإلكتروني بشكل مشترك. لكن مدى إمكانية قبول البلدان لهذه المقترحات يتأثر أيضًا بالعلاقات التقليدية بين الدول. وفيما يخص النتائج العملية لتدابير بناء الثقة بين القوى الكبرى، فإن الولايات المتحدة وأوروبا حققت أكثر النتائج المثمرة في مجال تدابير بناء الثقة. كما أقيمت الصين وروسيا درجة معينة من الثقة بينهما. وأقامت الصين والولايات المتحدة أيضا حوارا حول إنفاذ القانون والأمن السيبراني للحفاظ على تدابير بناء الثقة في مجالات معنية. نظرًا لأن روسيا قبلت طلب سنودن

a Group of Governmental Experts on Developments in the Field of Information and Telecommunications in the Context of International Security, UN General Assembly Document A/٧٠/١٧٤, July ٢٢, ٢٠١٥.

باللجوء، تم تعليق مجموعة العمل المعنية بالأمن السيبراني بين روسيا والولايات المتحدة، وبعد ظهور قضية التدخل في الانتخابات الأمريكية تمت مقاطعة تدابير بناء الثقة بين الطرفين تمامًا، ومن الصعب استئناف الحوار السيبراني بينهما خلال فترة قصيرة[a]. ذلك يدل على صعوبة بناء الثقة في الأمن السيبراني وسهولة كسرها. لذلك، ومن وجهة نظر العلاقات الثنائية، ينبغي أن تكون تدابير بناء الثقة هي العمل الرئيسي لحل مأزق الأمن السيبراني، يتعين على جميع الأطراف التوصل إلى توافق بشأن هذه القضية والتغلب على الصعوبات للمضي قدماً.

---

a Clint Watts, "How Russia Wins an Election", Politico Magazine, December ١٣, ٢٠١٦.

الفصل الثالث
بناء مجتمع ذي مصير مشترك في الفضاء الإلكتروني

ا. خمسة مقترحات لبناء مجتمع ذي مصير مشترك في الفضاء الإلكتروني

أشار الرئيس الصيني شي جين بينغ في حفل افتتاح المؤتمر العالمي الثاني للإنترنت في ديسمبر ٢٠١٥، إلى أن "الفضاء الإلكتروني هو الفضاء المشترك للأنشطة البشرية، ومصير الفضاء السيبراني يقرره جميع البلدان في العالم. ويجب على البلدان تعزيز التواصل وتوسيع التوافق وتعميق التعاون لبناء مجتمع ذي مصير مشترك في الفضاء الإلكتروني". كما طرح مقترحا مفصلا من خمس نقاط بناءً على الوضع الحالي لأمن الفضاء الإلكتروني العالمي وتطويره وحوكمته: "أولاً، إسراع بناء البنية التحتية للشبكة العالمية وتعزيز ترابطها وتواصلها. ثانياً، إنشاء منصة للتبادل الثقافي عبر الإنترنت لتعزيز التبادلات والتعلم المتبادل. ثالثًا، تشجيع الابتكار في الاقتصاد السبيراني وتعزيز الرخاء المشترك. رابعًا، ضمان الأمن السيبراني وتعزيز التنمية المنظمة. خامسًا، بناء نظام لحوكمة الإنترنت لتعزيز الإنصاف والعدالة."

يتحلى المقترح الذي طرحه الرئيس شي جين بينغ لبناء مجتمع مصير مشترك في الفضاء الإلكتروني بأهمية كبيرة في ثلاثة جوانب: أولاً، إنه يوضح الطبيعة النظامية لمجتمع المصير المشترك في الفضاء الإلكتروني. حددت النقاط الخمس مهام وأهداف بناء مجتمع المصير المشترك في الفضاء الإلكتروني من خمسة جوانب تتمثل في بناء البنية التحتية والتبادل الثقافي عبر الإنترنت وتطوير اقتصاد الشبكة وضمان أمن الشبكة ونظام حوكمة الإنترنت

افتتح المؤتمر العالمي الثاني للإنترنت في مدينة ووتشن بمقاطعة تشجيانغ في ١٦ ديسمبر ٢٠١٥ حيث حضر الرئيس الصيني شي جين بينغ حفل الافتتاح وألقى خطابًا رئيسيًا.

وقدمت إجابة منهجية حول التحديات وحلولها. ثانياً، يشرح المسار الرئيسي الصيني لبناء مجتمع المصير المشترك في الفضاء الإلكتروني. ويدعو إلى تسريع بناء البنية التحتية. "جوهر الشبكة يكمن في الترابط، وتكمن قيمة المعلومات في التواصل. ولا يمكن أن تتدفق موارد المعلومات بشكل كامل إلا من خلال تعزيز بناء البنية التحتية للمعلومات، وتمهيد الطريق لتدفق المعلومات، وتضييق فجوة المعلومات بين مختلف البلدان والمناطق والناس". كما يشدد على التبادلات الثقافية، "الثقافة تتنوع بسبب التواصل والحضارة يتم إثراء مضامينها بفضل التعلم المتبادل. والإنترنت هو الناقل المهم لنشر الثقافة البشرية الممتازة وتعزيز الطاقة الإيجابية". ويدعو إلى تطوير اقتصاد الشبكة، "إن الانتعاش الاقتصادي العالمي صعب ومتعرج، والاقتصاد الصيني يواجه أيضًا بعض الضغوط الهابطة. ويكمن مفتاح حل هذه المشكلات في التمسك بالتنمية المدفوعة بالابتكار وفتح آفاق جديدة

للتنمية". وأولى اهتماما للأمن السيبراني أيضا، "الأمن والتنمية هما بمثابة جناحين للطائر وعجلتين للعربة، فالأمن هو ضمان التنمية والتنمية هي الغرض من الأمن. يمثل أمن الشبكات تحديًا عالميًا لا يمكن لأي بلد أن يحله بمفرده. إن حماية أمن الشبكات مسؤولية مشتركة للمجتمع الدولي". يدعو إلى بناء نظام لحوكمة الإنترنت "يجب الالتزام بالمشاركة المتعددة الأطراف والتشاور في حوكمة الفضاء الإلكتروني الدولي وتفعيل دور الحكومات والمنظمات الدولية وشركات الإنترنت ومجتمعات التكنولوجيا والمؤسسات الشعبية والمواطنين وتجنب الأحادية، وهيمنة طرف واحد أو عدة أطراف". ثالثا، طرح المجالات الرئيسية للحل الصيني والتي ترغب الصين في التعاون مع الأطراف الأخرى فيها. في مجال بناء البنية التحتية، تنفذ الصين استراتيجية "الصين ذات النطاق العريض"، ومن المتوقع أن تغطي شبكة النطاق العريض بحلول عام ٢٠٢٠ جميع القرى الإدارية في الصين لتوفير خدمة الإنترنت لعدد أكبر من الناس. الصين على استعداد للعمل مع جميع الأطراف لزيادة الاستثمار وتعزيز الدعم الفني ودفع بناء البنية التحتية للشبكة العالمية بشكل مشترك حتى يتمكن المزيد من البلدان النامية والناس من الاستفادة من فرص التنمية التي توفرها الإنترنت. في مجال التبادلات الثقافية، ترغب الصين في العمل مع الدول الأخرى لتوظيف مزايا منصة التواصل عبر الإنترنت، وتعريف شعوب جميع "البلدان بالثقافة الصينية الممتازة، وتعريف الشعب الصيني بالثقافة الممتازة لكل بلد، وتعزيز رخاء وتنمية ثقافة الشبكة بشكل مشترك، وإثراء العالم الروحي للشعوب، وتعزيز تقدم الحضارة الإنسانية." في مجال اقتصاد الشبكة، تقوم الصين بتنفيذ خطة عمل الإنترنت بلس، وتعزيز بناء الصين الرقمية، وتطوير الاقتصاد التشاركي، ودعم "أنواع مختلفة من الابتكار على أساس الإنترنت، وتحسين جودة وكفاءة التنمية. يشهد قطاع الإنترنت الصيني ازدهارا ويوفر سوقا واسعة لرجال الأعمال والشركات في العالم. وترغب الصين في تعزيز التعاون مع الدول الأخرى لتعزيز التجارة الإلكترونية عبر الحدود وبناء مناطق نموذجية لاقتصاد المعلومات لتعزيز نمو الاستثمار والتجارة في جميع أنحاء العالم ودفع تنمية الاقتصاد الرقمي العالمي. في مجال الأمن السيبراني، تتطلع الصين للعمل مع الدول الأخرى لتعزيز الحوار والتبادل والسيطرة الفعالة" على الخلافات وتعزيز تطوير "القواعد الدولية للفضاء الإلكتروني من جميع الأطراف وصياغة اتفاقيات مكافحة الإرهاب الدولية في الفضاء الإلكتروني"، وتحسين آلية المساعدة القضائية لمكافحة الجريمة السيبرانية والحفاظ على السلام والأمن في الفضاء الإلكتروني بشكل مشترك. في مجال حوكمة الإنترنت، يتعين على الدول تعزيز التواصل وتحسين آلية الحوار والتشاور بشأن الفضاء "الإلكتروني، ودراسة وصياغة قواعد" حوكمة الإنترنت العالمية، وجعل نظام حوكمة الإنترنت العالمي أكثر عدلاً ومنطقية، ليعكس رغبات ومصالح معظم البلدان بشكل متوازن. ومن خلال إقامة المؤتمر العالمي للإنترنت تأمل الصين في بناء منصة للتقاسم

والحوكمة للإنترنت العالمي مما يعزز التنمية الصحية للإنترنت بشكل مشترك.

٢. المبادئ الأساسية لبناء مجتمع مصير مشترك في الفضاء الإلكتروني

لتنفيذ المقترح المكون من خمس نقاط لبناء مجتمع مصير مشترك في الفضاء الإلكتروني بشكل فعال، يجب على المجتمع الدولي تعزيز الحوار والتعاون في المجالات الخمسة، كما يجب على الأطراف المعنية التمسك بروح الاحترام المتبادل والتفاهم المتبادل والتوافق المتبادل والالتزام بالسلام والسيادة والحوكمة المشتركة والمنفعة العامة كمبادئ توجيهية.

أولاً، مبدأ السلام. باعتباره مجالا جديدا أنشأه الإنسان، يشمل الفضاء الإلكتروني جهات فاعلة ومصالح مختلفة، ومع ذلك، لم يتم إنشاء آليات الحوكمة وأنظمة القواعد في هذا المجال، ومن السهل أن تتسبب المنافسة بين جميع الأطراف في حدوث نزاع ومواجهة. فإن الالتزام بمبدأ السلام باعتباره المبدأ التوجيهي الرئيسي لتسوية المنازعات هو أساس الحفاظ على السلام في الفضاء الإلكتروني. يجب على المجتمع الدولي الالتزام بمقاصد ميثاق الأمم المتحدة ومبادئه، وخاصة مبدأ عدم استخدام القوة أو التهديد باستخدامها وحل النزاعات سلمياً، وضمان السلام والأمن في الفضاء الإلكتروني. وفي الوقت نفسه، يتطلب هذا المبدأ سلسلة من التدابير والنظم الداعمة لتقييد انتهاك مبدأ السلام، بما يكفل أن يستفيد المجتمع الدولي بشكل مشترك من التسوية السلمية للمنازعات ويقيد التحركات التي تقوض مبدأ السلام.

ثانيا، مبدأ السيادة. يعبتر مبدأ المساواة في السيادة المنصوص عليه في ميثاق الأمم المتحدة هو القاعدة الأساسية للعلاقات الدولية المعاصرة، وهو يغطي جميع مجالات التبادل بين الدول وينبغي تطبيقه على الفضاء الإلكتروني. يجب على البلدان الالتزام بالاحترام المتبادل لخيارات مسار تطوير الشبكة، ونموذج إدارة الشبكات، والسياسة العامة للإنترنت والمشاركة المتساوية في حوكمة الفضاء الإلكتروني الدولي، وعدم الانخراط في الهيمنة السيبرانية، وعدم التدخل في الشؤون الداخلية للبلدان الأخرى، وعدم ممارسة أو تغاضى أو تؤييد الأنشطة السيبرانية التي تعرض الأمن القومي للبلدان الأخرى للخطر. ويحق للحكومات أن تقوم بإدارة الشبكة وفقًا للقانون، ولها ولاية قضائية على البنية التحتية للمراسلة والاتصالات ومواردها وأنشطة المراسلة والاتصالات داخل أراضيها، ولها الحق في حماية نظم المعلومات وموارد المعلومات الخاصة بها من التهديدات والتدخل والهجمات والتدمير وحماية الحقوق والمصالح المشروعة للمواطنين في الفضاء الإلكتروني. كما للحكومات الحق في صياغة سياساتها

افتتح المؤتمر العالمي الرابع للإنترنت في مدينة ووتشن بمقاطعة تشجيانغ في ٣ ديسمبر ٢٠١٧، تحت عنوان "تطوير الاقتصاد الرقمي وتشجيع المشاركة المفتوحة... العمل معاً لبناء مجتمع مصير مشترك في الفضاء الإلكتروني".

العامة وقوانينها وأنظمتها الخاصة بالإنترنت دون أي تدخل خارجي. في حين تمارس الدول حقوقها وفقًا لمبدأ المساواة في السيادة، تحتاج أيضًا إلى الوفاء بالتزاماتها المعنية. ويجب ألا تستخدم البلدان تكنولوجيات المعلومات والاتصالات للتدخل في الشؤون الداخلية للبلدان الأخرى، ألا تستخدم مزاياها الخاصة لإلحاق الضرر بأمن سلسلة توريد منتجات وخدمات تكنولوجيا المعلومات والاتصالات في البلدان الأخرى.

ثالثًا، مبدأ الحوكمة المشتركة. يُعد الفضاء الإلكتروني مساحة نشاط مشتركة للبشر ويتطلب البناء المشترك والحوكمة المشتركة لجميع البلدان في العالم. يجعل تنوع الجهات الفاعلة في الفضاء السيبراني المشاركة المتعددة الأطراف وسيلة أساسية لحوكمة الفضاء الإلكتروني. ومع ذلك، فقد دعا بعض العلماء والمسؤولين على المستوى الدولي إلى النموذج المطلق لحوكمة أصحاب المصلحة المتعددين وتعميمه، مما أدى إلى العديد من النزاعات غير الضرورية. لا ينبغي النظر إلى الحوكمة المتعددة الأطراف وحوكمة أصحاب المصلحة المتعددين على أنها تناقضات متضاربة، بل ينبغي اعتماد نُهج مختلفة للحوكمة بناءً على سمات وحقائق محددة للقضية. على سبيل المثال، عندما يتعلق الأمر بمجال الأمن الدولي، يجب على الدولة أن تلعب دورًا رائدًا

باعتبارها الهيئة السلوكية الرئيسية، والأمم المتحدة كمنصة الحوكمة الرئيسية. وفيما يخص قضايا الحوكمة في التكنولوجيا والثقافة والاقتصاد، يعتبر دور المجتمع التقني والقطاع الخاص والفئات الاجتماعية أكثر ملاءمة لتعزيز فعالية الحوكمة وتحسين الآليات.

رابعا مبدأ المنفعة العامة. يعتبر الفضاء السيبراني نتاج الذكاء البشري والحضارة، وينبغي أن يتمتع جميع البشر بالراحة، والرفاهية التي يجلبها الفضاء الإلكتروني. لا تزال هناك اختلافات كبيرة في مستوى تطور البلدان في مجال الشبكات، حيث أدت الفجوة الرقمية، وخاصة الفجوة الرقمية الجديدة الناتجة عن تقنيات الإنترنت الجديدة مثل الذكاء الاصطناعي والبيانات الضخمة، إلى تحديات كبيرة للبلدان النامية. يجب على المجتمع الدولي تعزيز التعاون التنموي الثنائي والإقليمي والدولي حول خطة التنمية المستدامة لعام ٢٠٣٠. وعلى وجه الخصوص، ينبغي له زيادة المساعدة المالية والتقنية للبلدان النامية في بناء قدرات الشبكات لمساعدتها على اغتنام الفرص الرقمية وتجاوز "الفجوة الرقمية".

في ٣٠ يونيو ٢٠١٧، زار ٧٥ متدربا من ٢٠ دولة نامية بما فيها بنما وغانا وجنوب إفريقيا، شاركوا في "دورة تدريبية حول أجهزة الكمبيوتر والبرمجيات وتكنولوجيا الشبكات" زاروا معرض قويتشو للمعدات في مدينة قوييانغ. تظهر الصورة أعلاه طالبًا أجنبيًا يجرب قيادة السيارة بتقنية VR.

٣. مصدر الفكر لمجتمع مصير مشترك في الفضاء الإلكتروني

أولاً، "مجتمع مصير مشترك في الفضاء الإلكتروني" شعار جديد تدعو إليه الصين عند التعامل مع العلاقات الدولية في الفضاء الإلكتروني، وهو قيمة عالمية لغرض مواجهة التحديات المشتركة في الفضاء الإلكتروني. يعتبر تحمل "المسؤولية المشتركة" شرطا مسبقا لبناء مجتمع مصير مشترك في الفضاء الإلكتروني، وهو يدعو إلى موقف مسؤول وتعاوني ومربح للجميع، وشراكة قائمة على المساواة في المعاملة والتشاور والتفاهم، ومفهوم أمني متمثل في السيطرة على الخلافات والتوجه نحو التوافق، وآفاق تنمية تتمتع بالافتتاح والابتكار، التسامح والمنفعة المتبادلة، وكذلك اتجاه حضاري من الانسجام والاندماج[a]. تستند هذه الفكرة إلى الوضع العام للتنمية البشرية، وتتوافق مع قانون تطوير الفضاء السيبراني، وأجابت بشكل علمي الأسئلة الجذرية المتمثلة في ماهية الفضاء الإلكتروني وكيفية القيام به، وذلك استجابة للتناقضات البارزة مثل اتساع الفجوة الرقمية ومخاطر الأمن السيبراني المتزايدة وتسلل تفكير الهيمنة التقليدي وعقلية الحرب الباردة إلى الفضاء الإلكتروني، الأمر الذي كسب المزيد من الاعتراف والتأييد من الأشخاص ذوي البصيرة في جميع أنحاء العالم، وتُعد هذه الفكرة مساهمة نظرية كبيرة لبلادنا في تطوير الفضاء الإلكتروني العالمي، وينبغي أن تصبح أيضًا الإيديولوجية التوجيهية لتطوير الفضاء الإلكتروني العالمي[b].

ثانياً، يُعد "مجتمع مصير مشترك في الفضاء الإلكتروني" امتدادا لفكرة مجتمع مصير مشترك للبشرية. في سبتمبر ٢٠١٥ أوضح الرئيس الصيني شي جين بينغ بشكل شامل مضامين مفهوم مجتمع مصير مشترك للبشرية خلال اجتماعات الذكرى السنوية السبعين لتأسيس الأمم المتحدة. استشهد بكلمات كونفوشيوس في كتاب الطقوس "الانسجام الأعظم يتمثل في أن العالم للجميع"، ليدل على أن المبدأ والهدف النهائي للحوكمة الدولية هو أن العالم يشترك فيه جميع البشر، كما أشار إلى أن "السلام والتنمية والإنصاف والعدل والديمقراطية والحرية هي القيم المشتركة للبشرية جمعاء والهدف النبيل للأمم المتحدة". وهي أساس بناء مجتمع مصير مشترك بين مختلف دول العالم التي تختلف أوضاعها ومجموعات الناس ذوي الاعتقادات المختلفة. لا تزال هذه الأهداف السامية بعيدة عن الاكتمال، وما زالت هناك حاجة إلى المساعي المستمرة من البشر. لذا، اقترح شي دفع بناء مجتمع المصير المشترك

a   تسوه شياو دونغ: كتابة فصل جديد في العلاقات الدولية في عصر المعلومات، صحيفة الشعب اليومية، ٣ مارس ٢٠١٧.

b   شن لي بوه: المسؤولية الدولية للدولة المسؤولة الكبيرة، صحيفة الشعب اليومية، ٣ مارس ٢٠١٧.

للبشرية من خمسة جوانب هي الشراكة ونسق الأمن والتنمية الاقتصادية والتبادل الحضاري والنظام الإيكولوجي[a]. تمتد هذه الفكرة المهمة إلى مجال حوكمة الفضاء الإلكتروني، فتصبح فكرة بناء مجتمع مصير مشترك في الفضاء الإلكتروني .

ألقى الرئيس الصيني شي جين بينغ خطابًا رئيسيًا بعنوان "بناء مجتمع مصير مشترك للبشرية معا" في مقر الأمم المتحدة بجنيف في ١٧ يناير ٢٠١٧، حيث شرح بشكل منهجي مفهوم مجتمع مصير مشترك للبشرية. وأشار إلى أن الصين تدعو إلى تحقيق الفوز المشترك التشارك من خلال بناء مجتمع مصير مشترك للبشرية وتحقيق تطلعات جميع الشعوب للمستقبل. وأكد أن الأهداف الأربعة الرئيسية والمبادئ السبعة المنصوص عليها في ميثاق الأمم المتحدة والمبادئ الخمسة للتعايش السلمي التي دعا إليها مؤتمر باندونغ قبل أكثر من ٦٠ عامًا وغيرها من المبادئ المعترف بها دوليا التي شكلها تطور العلاقات الدولية، يجب أن تكون أساس يُلتزم به لبناء مجتمع المصير المشترك للبشرية. كما اقترح أن يلتزم بناء مجتمع المصير المشترك للبشرية بالحوار والتشاور لبناء عالم يسوده السلام الدائم، والالتزام بالتشايد والتقاسم لبناء عالم يسوده الأمن العام والتمسك بالتعاون والفوز المشترك لبناء عالم يسوده الرخاء المشترك، والالتزام بالتبادل والاقتباس المتبادل لبناء عالم منفتح وشامل والالتزام بحماية البيئة لبناء عالم نظيف وجميل. تشكل هذه الجوانب الخمسة الدلالة الأساسية لمجتمع المصير المشترك للبشرية والطريق الأساسي لبنائه[b]. وتنطبق هذه الأفكار انطباقا تماما على بناء مجتمع مصير مشترك في الفضاء الإلكتروني.

ثالثًا، تعتبر فكرة "مجتمع مصير مشترك للبشرية" وما ينتمي إليه من "مجتمع مصير مشترك في الفضاء الإلكتروني" بلورة الثقافة التقليدية للأمة الصينية وإحياء وتطورا للحضارة الصينية التي استمرت آلاف السنين. يؤكد الطاويون الصينيون على الالتزام بقانون الطبيعة ويعلقون أهمية على العلاقة بين الإنسان والطبيعة وفقًا للقوانين الموضوعية، حيث تتفق فكرتهم الأساسية تمامًا مع مفهوم التنمية المستدامة الحديث. وحول استغلال الكائنات الطبيعية، تؤكد الطاوية على استغلال الكمية المحدودة وترفض "استنزاف البركة للحصول على جميع الأسماك". تدعو النظرة الصينية القديمة للعالم إلى اعتبار العالم كنظام كامل مترابط بدلاً من مجموعة من

a شي جين بينغ: معاً لبناء شراكة جديدة للتعاون والفوز المشترك ومجتمع ذي مصير مشترك للبشرية... كلمة في المناقشة العامة للدورة السبعين للجمعية العامة للأمم المتحدة، صحيفة الشعب اليومية، ٢٩ مايو ٢٠١٥، الصفحة الثانية، نقلا عن تشانغ هوي: مجتمع ذي مصير مشترك للبشرية: التطور المعاصر لنظرية الأساس الاجتماعي للقانون الدولي، مجلة العلوم الاجتماعية الصينية، العدد الـ٥ لعام ٢٠١٨.

b أنظر إلى معا لبناء مجتمع ذي مصير مشترك للبشرية كلمة الرئيس شي جين بينغ في مقر الأمم المتحدة بجنيف، صحيفة الشعب اليومية، ٢٠ يناير ٢٠١٧، الصفحة الثانية، نقلا عن تشانغ هوي: مجتمع ذي مصير مشترك للبشرية: التطور المعاصر لنظرية الأساس الاجتماعي للقانون الدولي، مجلة العلوم الاجتماعية الصينية، العدد الـ٥ لعام ٢٠١٨.

الكيانات الفردية. تعكس فكرة الحوكمة "مجتمع مصير مشترك للبشرية" مفهوم "الانسجام بين الإنسان والطبيعة" و "التعايش المتناغم" في الحضارة الصينية، وهي حكمة الصين في حل المشكلات العالمية المعاصرة. ويتمثل جوهرها في مراعاة المصالح العامة والمصالح الفردية ومراعاة المصالح المباشرة والمصالح طويلة الأجل والاهتمام لاستدامة التنمية الاجتماعية والدعم المتبادل بين الإنسان والطبيعة. وهي القيمة الجوهرية التي نحن في أمس حاجة إليها لحل المشاكل العالمية العالمية، لا سيما قضية الحوكمة في المجالات الجديدة[a].

---

a   يانغ جيان: قيادة الحوكمة الدولية في المجالات الجديدة بفكرة مجتمع ذي مصير مشترك للبشرية، مجلة العالم المعاصر، العدد الـ6 لعام ٢٠١٧

الباب الثاني

مقترحات وممارسات الصين للمشاركة في الحوكمة الدولية لأمن الفضاء الإلكتروني

منذ اختيار استخدام شبكة الإنترنت، أصبحت الصين قوة مهمة في تعزيز نشر وتطبيق شبكة الإنترنت في جميع أنحاء العالم وشاركت بنشاط في الحوكمة الدولية لأمن الفضاء الإلكتروني من خلال طرح الأفكار المعنية وإجراء الممارسات المختلفة. ومع بروز دور "السيف ذي الحدين" لتكنولوجيا شبكة الإنترنت وتطبيقها على نحو متزائد، لا تصبح قضية الأمن السيبراني عنصرا مهما يؤثر على الاستقرار العام للفضاء الإلكتروني فحسب، بل أصبحت أيضا العائق الأساسي للتنمية الشاملة للفضاء الإلكتروني. وفي عملية السعي لتحقيق التوازن بين "التنمية" و"الأمن" خلال إدارة الفضاء الإلكتروني، اضطر العالم على تحويل مركز ثقلها إلى حماية الأمن السيبراني بشكل أكثر في الوقت الحالي. وشاركت الصين في عملية الحوكمة ذات الصلة في الفضاء الإلكتروني بطريقة شاملة ومتعددة القنوات، وناقشت مع المجتمع الدولي في استكشاف مسارات وخطط الحوكمة الفعالة للفضاء الإلكتروني وعملت على بناء فضاء إلكتروني سلمي وآمن ومفتوح وتعاوني ومنظم.

الفصل الأول

دخول الحوكمة الدولية للفضاء الإلكتروني إلى مرحلة جديدة تبرز إدارة الأمن السيبراني

ظلت الحوكمة الدولية للفضاء الإلكتروني تركز على خطين رئيسيين، أي "التنمية" و "الأمن"، ويعد ضمان التوازن بين الاثنين هدفا لإدارة الفضاء الإلكتروني. ولكن التوازن المطلق ليس سوى حالة مثالية وهو الهدف المشترك الذي تسعى إليه جميع الأطراف في المجتمع الدولي. ولقد أثبتت الممارسات أن التنمية والأمن ظلا متوازنين نسبيا، وفي الفترات التاريخية المختلفة، ظلت أولوية الحوكمة الدولية للفضاء الإلكتروني متحيزة، أي إيلاء اهتمام أكبر بـ "التنمية" أو بـ "الأمن". وأوضحت الظواهر المختلفة في الوقت الحالي أن الحوكمة الدولية للفضاء الإلكتروني قد دخلت إلى مرحلة جديدة، وتحت تأثير العوامل المختلفة، أصبح ميزان "التنمية" و "الأمن" مائلا مرة أخرى. ومقارنة بالاحتياجات الإنمائية، أصبحت المطالبات الأمنية من الشواغل الأساسية الأكثر بروزا، وأصبحت أهمية إدارة أمن الفضاء الإلكتروني بارزة بشكل متزايد.

١. تطور التكنولوجيا والتطبيقات

تسعى بنية تكنولوجيا الإنترنت من تصميمها الأصلي إلى تحقيق الترابط والتواصل والانتشار العالمي، وهي بنية مصممة لـ "التنمية"، وبطبيعة الحال، هي ليست بنية تسعى إلى "الأمن". لذلك، من ظهور شبكة الإنترنت إلى العقد الأول من القرن الـ٢١، تسارعت عملية إضفاء الطابع التجاري والطابع الاجتماعي على تكنولوجيا شبكة الإنترنت، وأصبحت شبكة الإنترنت بنية تحتية مهمة للمعلومات في العالم، وتعزز التفاعل بين شبكة الإنترنت والمجتمع على نحو متزائد. الخصائص في هذه المرحلة تتمثل في تطوير التقنيات والتطبيقات باستمرار، وتفكير

جميع الأطراف في المجتمع الدولي تفكيرا أكثر في كيفية تفعيل التأثيرات الإيجابية التي تركتها تكنولوجيا شبكة الإنترنت على المجتمع إلى حد أكبر. وعلى الرغم من ظهور بعض مشكلات الأمن السيبراني في هذه المرحلة، إلا أن هذه المشكلات لا تزال تنعكس بشكل أساسي في المستوى التقني، مثل البريد العشوائي ودودة الحاسوب وحتى إذا كانت هذه المشكلات أثرت على بعض المجالات الاجتماعية، مثل ازدياد عدد الجرائم الإلكترونية، يبدو أن كل شيء تحت السيطرة ولم يلفت الانتباه الكافي من قبل جميع الأطراف في المجتمع الدولي. وهذا هو السبب وراء أن المجتمع الدولي أولى اهتماما أكبر نسبيا في ذلك الوقت بـ "تعزيز التنمية" في حين إدارة الفضاء الإلكتروني. على سبيل المثال، في المرحلة الأولى للقمة العالمية لمجتمع المعلومات (WSIS) التي عقدت في جنيف عام ٢٠٠٣ والمرحلة الثانية للقمة العالمية لمجتمع المعلومات التي عقدت في تونس عام ٢٠٠٥، على الرغم من أن إدارك المجتمع الدولي لحوكمة شبكة الإنترنت تحول من التكنولوجيا إلى الحوكمة الشاملة، إلا أن المجتمع الدولي مازال يعتقد أن مركز ثقل العمل هو "أن الحكومات والقطاع الخاص والمجتمع المدني لكل دولة صاغت وطبقت بحسب دوره، للمباديء

ألقى الأمين العام للأمم المتحدة كوفي عنان كلمات في المرحلة الثانية للقمة العالمية لمجتمع المعلومات التي عقدت في تونس في ١٦ من نوفمبر عام ٢٠٠٥.

المشتركة، والمعايير، والقواعد، وإجراءات صنع القرار، والبرامج التي تستهدف إلى تطور واستخدام الإنترنت". ومن الواضح أن المجتمع الدولي آنذاك ركز على "التطوير والاستخدام". وبعد ذلك، ركزت موضوعات منتدى حوكمة الإنترنت (Internet Governance Forum، IGF) على التنمية أيضا. ولكن، قد تغير الوضع بشكل كثير في السنوات الأخيرة، وبرزت مخاطر أمن التكنولوجيا على نحو متزائد، ودخل تطور تكنولوجيا شبكة الإنترنت إلى مرحلة جديدة، وظهرت التقنيات والتطبيقات الجديدة التي "تستند إلى شبكة الإنترنت" باستمرار، مثل إنترنت الأشياء والبيانات الضخمة والحوسبة السحابية والذكاء الاصطناعي وسلسلة الكتل، وشهدت تكنولوجيا شبكة الإنترنت وتطبيقها اتجاها جديد يتمثل في "ترابط الشبكات" و"ترابط إنترنت الأشياء" وحتى "ترابط الأشخاص". ومقارنة بالتقنيات الأولية التي سعت إلى "الترابط والتواصل"، أظهرت هذه التقنيات الجديدة والتطبيقات الجديدة بعض الميزات الجديدة الواضحة، ومنذ ظهور هذه التقنيات والتطبيقات الجديدة، أولت جميع الأطراف في المجتمع الدولي اهتماما كبيرا بمخاطر الأمن المحتملة فيها، وفي حين تصميم وإنتاج هذه التقنيات والتطبيقات الجديدة، فكر المجتمع الدولي في أمنها.

٢. "دور تحفيز" لحالات الطوارئ الكبرى

هنا لا بد أن نذكر تأثيرات "قضية سنودن" مرة أخرى. وعلى الرغم من أن القضية قد مضت لمدة خمس سنوات، إلا أن تأثيراتها العميقة مازالت بارزة، من أهمها أن هذه القضية جعل جميع الأطراف في المجتمع الدولي تنظر في مشكلة الأمن في الفضاء الإلكتروني بشكل شامل، وحفز بلدان العالم إلى حد كبير على إيلاء اهتمام بالغ بالأمن السيبراني، وأصبحت مسألة الأمن السيبراني مهمة جدا. وبالإضافة إلى ذلك، مع تشدد المنافسة الشرسة بين الدول المختلفة في الفضاء الإلكتروني، أصبح وضع الفضاء الإلكتروني أكثر تعقيدا، وأدت الجرائم الإلكترونية والإرهاب السيبراني إلى تدهور وضع الأمن السيبراني في العالم على نحو متزائد، وبدأت جميع الأطراف في المجتمع الدولي تدرك أن "حماية الأمن السيبراني" مهمة جدا. وبدون الأمن، كيف نتحدث عن التنمية؟ وهذا هو السبب وراء أن المجتمع الدولي أولى اهتماما كبيرا بالأمن السيبراني في حين المناقشة على الأهداف الإنمائية لمجتمع المعلومات في السنوات العشر المقبلة (من عام ٢٠١٦ إلى عام ٢٠٢٥) في الاجتماع الرفيع المستوى لمراجعة تطبيق نتائج القمة العالمية لمجتمع المعلومات لمدة ١٠ سنوات (WSIS ١٠+HLM) في نهاية عام ٢٠١٥. وينعكس هذا القلق الأمني في وثائق نتائج الاجتماع (Outcome Document)، مثل التأكيد على "وظيفة القيادة للحكومة في شؤون الأمن السيبراني المتعلقة بالأمن القومي" والتأكيد على دور القوانين الدولية وخاصة "ميثاق الأمم

انعقدت الدورة الرابعة لمنتدى حوكمة الإنترنت في مصر في نوفمبر عام ٢٠٠٩ للمناقشة في المواضيع مثل الأمن السيبراني والحوسبة السحابية والمواقع الإلكترونية للتواصل الاجتماعي وحماية الخصوصية.

المتحدة"؛ وتوضيح أن الجرائم الإلكترونية والإرهاب السيبراني والهجمات الإلكترونية هي التهديدات الكبيرة للأمن السيبراني، والدعوة إلى رفع مستوى ثقافة الأمن السيبراني الدولية وتعزيز التعاون الدولي؛ ودعوة جميع الدول الأعضاء إلى تحمل المزيد من الالتزامات الدولية في حين تعزيز الأمن السيبراني المحلي، وخاصة مساعدة البلدان النامية على تعزيز بناء القدرات على حماية الأمن السيبراني.

٣. تشكيل فهم المجتمع الدولي

في الوقت الحالي، يكون اهتمام المجتمع الدولي بحوكمة الأمن السيبراني متسقا إلى حد ما مع قواعد تشكيل وتطور الفهم، أي يحتاج الناس إلى وقت معين لتشكيل الفهم وتغييره حول مشكلات الأمن السيبراني. ومن ناحية، يتمتع تشكيل الفهم نفسه بطابع "التأخر". وتعد التكنولوجيا وتطبيقها من العوامل الرئيسية في عملية تطوير شبكة الإنترنت، وفي عملية تطبيق التكنولوجيا، غالبا ما تلعب التكنولوجيا دور "السيف ذو الحدين"، وجلبت التكنولوجيا

اجتاح فيروس الفدية الخبيث "WannaCry" جميع أنحاء العالم في مايو عام ٢٠١٧، وتعرضت ١٥٠ دولة على الأقل للجهمات الإلكترونية. وأظهرت الصورة جدولا زمنيا إلكترونيا لا يعمل بشكل طبيعي في محطة قطارات لايبزيغ في ألمانيا في ١٣ من مايو.

عديدا من المشاكل في حين تحفيز التنمية، وقد تكون هذه المشكلات المشاكل التقنية، ولكن معظمها كانت المشاكل التي أدت إلى مخاطر الأمن الاجتماعي أو صعوبة الرقابة. ولكن ظهور هذه المشكلات يحتاج إلى وقت معين، أي في كثير من الأحيان، لا تظهر المشكلات أو تم اكتشافها إلا بعد تطبيق التكنولوجيا. لذلك، يتمتع فهم المجتمع الدولي لقضايا الأمن السيبراني بطابع "التأخر". وهذا أيضا أحد العوامل وراء أن المشكلات الأمنية في وقت سابق لم تثر اهتماما واسع النطاق في المجتمع الدولي. ومن ناحية أخرى، إن تغير الفهم يحتاج إلى قوة تحفيز كافية. وبالنسبة إلى كثير من المشكلات الأمنية، على الرغم من أن المجتمع الدولي قد أدركها، إلا أنه لم يول اهتماما كبيرا بها في بداية إدراكها. وفقط عندما أصبحت هذه المشكلات عقبات كبيرة لعملية التنمية وأدت إلى التأثيرات السلبية الواقعية بسبب نفص الاستجابة الفورية والتعامل المناسب، يمكن للمجتمع الدولي أن يولي اهتماما كافيا بها. وباختصار، فقط عندما تطورت إلى حد كبير، يمكن للتهديدات الأمنية والحوادث الأمنية أن تثير اهتمام المجتمع الدولي الكافي. على سبيل المثال، في عام ٢٠١٧، انتشر فيروس الفدية الخبيث "WannaCry" في ١٥٠ دولة وأثر على ما

يقرب من ٢٠٠ ألف جهاز كمبيوتر، وعملت معظم هذه الحواسيب في مجالات مهمة مثل الرعاية الصحية والطاقة. أهم من ذلك أن التحقيق في هذا الحادث معقدا جدا، وبعض النظر عن الحقيقة، أثارت مشكلة "ترسانة الأسلحة الإلكترونية" و"الصراع الإلكتروني بين الولايات المتحدة وكوريا الديمقراطية" وغيرهما من المخاطر الأمنية الخطيرة التي كشف عنها الحادث، مخاوف المجتمع الدولي الكبيرة. وقد تعمق فهم المجتمع الدولي لهذا الحادث تدريجيا، أي من هجمات القرصنة إلى إدارة "ترسانة الأسلحة الإلكترونية" وإلى المخاطر التي جلبتها الصراعات السياسية المتراكبة بين الفضاء الإلكتروني والفضاء الواقعي". وعلى سبيل المثال، قضية تسريب البيانات الضخمة في عام ٢٠١٧ أيضا، أصبحت حوادث تسريب البيانات على نطاق واسع "أمرا طبيعيا جديدا" في مجال الأمن السيبراني، وارتفعت المخاوف المتعلقة بالأمن السيبراني إلى مستوى غير مسبوق، ولا تتعلق هذه الحوادث بخصوصية المواطنين والأمن القومي فحسب، بل تركت تأثيرات كبيرة على الاستقرار الاجتماعي والسياسي. وفي يوليو عام ٢٠١٧، أثارت فضيحة تسريب معلومات المواطنين الحساسة في السويد أزمة سياسية. وفي أعقاب وقوع حوادث الأمن السيبراني الكبرى بشكل متكرر، بدأ المجتمع الدولي يولي مزيدا من الاهتمام بحوكمة الأمن السيبراني.

حضر الرئيس التنفيذي لشركة فيسبوك مارك زوكربيرغ جلسة الاستماع المشتركة بين لجنة القضاء ولجنة التجارة التابعتين لمجلس الشيوخ الأمريكي في ١٠ من أبريل عام ٢٠١٨ بالتوقيت المحلي لشرح حادث تسريب البيانات.

بطبيعة الحال، يجب تفسير نقطتين في حين الحكم على أن "حماية الأمن" أكثر أهمية من "تعزيز التنمية" في المرحلة الجديدة: أولا، ليس هذا الحكم وجهة نظر "مطلقة"، وإن ما يسمى "أكثر أهمية" لا يعني عدم الاهتمام بالتنمية على الإطلاق، ولكن عندما أصبحت قضية الأمن تناقضا رئيسيا أو ناحية رئيسية للتناقضات في عملية تطوير الفضاء السيبراني، وإذا لم يكن من الممكن حلها بشكل فعال، فلن يؤثر ذلك على الأمن فحسب، بل يؤثر أيضا على التنمية بشكل خطير. لذلك، أولى المجتمع الدولي اهتماما أكبر بقضية الأمن، وخصص أكثر الاستثمارات نسبيا في مجال إدارة الأمن. ثانيا، ليس هذا الحكم وجهة نظر "سلبية"، وإن اعتبار إدارة الأمن كمركز الثقل لا يعني إنكار إنجازات التنمية، ولا يعني عدم الاهتمام بالتنمية المستقبلية. وفي الواقع، إن زيادة الاهتمام بالأمن السيبراني في هذه المرحلة ليست سوى مرحلة ضرورية لحوكمة الفضاء الإلكتروني، ولا تتوافق مع القوانين الموضوعية لتطور التكنولوجيا وتطبيقها فحسب، بل تتوافق أيضا مع قوانين الفهم لجميع الأطراف في المجتمع الدولي.

الفصل الثاني
ممارسات الصين للمشاركة في الحوكمة الدولية لأمن الفضاء الإلكتروني

إن مشاركة الصين في الحوكمة الدولية لأمن الفضاء الإلكتروني هي عملية إنمائية على مراحل. وبشكل عام، تتوافق مع اتجاه تطور حوكمة الأمن الدولية من جهة، ومن جهة أخرى، تتماشى مع حالة تطوير شبكة الإنترنت وتطبيقها داخل البلاد. لذلك، أظهرت ممارسات الصين ميزات ونفوذا "عصريا" واضحا. وتتمثل ممارسات الصين هذه في مراحل تالية: في مرحلة بدء تطوير شبكة الإنترنت، شاركت الصين بنشاط في الحوكمة الأمنية "المتمحورة حول التكنولوجيا"، وفي مرحلة تطور شبكة الإنترنت بسرعة، لعبت الصين دورا إيجابيا في الحوكمة الأمنية "الشاملة"، وفي السنوات الأخيرة، لعبت الصين دورا كدولة كبيرة ومسؤولية، وطرحت المفهوم الاستراتيجي لـ"بناء مجتمع ذي مصير مشترك في الفضاء الإلكتروني"، وبدأت في استكشاف "دعوات الصين" و"حلول الصين" لقيادة المجتمع الدولي لتحقيق الأمن المشترك والتنمية المشتركة.

ا. في مرحلة بدء تطوير شبكة الإنترنت: مشاركة الصين في حوكمة الأمن السيبراني "المتمحورة حول التكنولوجيا"

بدأت الحوكمة الدولية لشبكة الإنترنت في تسعينيات القرن العشرين بشكل رسمي، حيث ظهرت سلسلة من المؤسسات التي تركز على صيانة تكنولوجيا الإنترنت وصياغة المعايير المعنية. على سبيل المثال، قررت وزارة التجارة الأمريكية إنشاء هيئة الإنترنت للأسماء والأرقام المخصصة (ICANN) لتكون مسؤولة عن توزيع وإدارة موارد البنية التحتية لشبكة الإنترنت. وفي ذلك الوقت، ركز فهم المجتمع الدولي لشبكة الإنترنت رئيسيا على

"التكنولوجيا"، واعتقد المجتمع الدولي أن شبكة الإنترنت باعتبارها بنية فنية لنقل وتبادل المعلومات تتميز بالانفتاح والحرية والمساواة والتشارك. ويتمتع الفضاء الإلكتروني الذي يعتمد على هذه البنية الفنية بخصائص "اللامركزية" و"الافتراضية"، ويعتمد تطور الفضاء الإلكتروني على قانون التنمية الذاتية. لذلك، أولى المجتمع الدولي اهتماما أكبر بالتنمية وتحقيق الترابط والتواصل العالميين من خلال تطوير التكنولوجيا. وفي هذه المرحلة، كانت طرق التعامل مع قضايا الأمن السيبراني متمحورة حول التكنولوجيا، أي ضمان أمن واستقرار بنية شبكة الإنترنت من خلال البرامج والمعايير والبروتوكولات.

مع انتشار شبكة الإنترنت في الصين وتوافقها مع تكنولوجياتها العالمية، بدأت الصين تشارك تدريجيا في عملية الحوكمة الدولية لشبكة الإنترنت. وفي مرحلة بداية تطور شبكة الإنترنت، عملت الصين على توسيع انتشار الإنترنت وضمان أمن تشغيلها. وفي ذلك الوقت، كانت الحوكمة الصينية والحوكمة الدولية لشبكة الإنترنت ركزت رئيسيا على المجال التقني، أي ما يسمى "الطبقة الفيزيائية" (البنية الفيزيائية) و"الطبقة المنطقية" (بروتوكول الاتصالات) لتحقيق الترابط والتواصل وضمان تشغيل شبكة الإنرتنت. ومن ناحية، عملت الصين على تطوير

وفقا للمعلومات الصادرة عن مركز معلومات شبكة الإنترنت في الصين، بلغ عدد مستخدمي الإنترنت في الصين ٠,٨٢٩ مليار حتى ديسمبر عام ٢٠١٨، ووصل معدل انتشار الإنترنت في الصين إلى ٥٩,٦٪، وهو ما يتجاوز معدله العالمي بـ٢,٦٪.

تكنولوجيا شبكة الإنترنت وإصدار البروتوكولات المعنية بنشاط. على سبيل المثال، أكمل مركز معلومات شبكة الحاسب التابع للأكاديمية الصينية للعلوم أعمال إعداد الحامل لاسم النطاق (CN) في مايو عام ١٩٩٤؛ وبدأت شبكة الجسر الذهبي الصينية (CHINAGBN) في سبتمبر عام ١٩٩٦ توفير الخدمات لزبائن الشركات؛ وفي أبريل عام ١٩٩٦، أصدرت وزارة البريد والاتصالات الصينية "تدابير إدارة توصيل شبكة الإنترنت العالمية لأجهزة الكمبيوتر العامة في الصين"؛ وفي مايو عام ١٩٩٧، أصدرت المجموعة القيادية لأعمال المعلوماتية التابعة لمجلس الدولة الصيني "تدابير الإدارة المؤقتة لتسجيل أسماء النطاق على شبكة الإنترنت في الصين"؛ وفي مايو عام ١٩٩٩، تم إنشاء أول منظمة للاستجابة على حالات الطوارئ السيبرانية (CCERT) في مركز بحوث المشروعات الإلكترونية التابع لجامعة تسينغوا. ومن ناحية أخرى، شاركت الصين بنشاط في أعمال المؤسسات الدولية المعنية. وفي عام ١٩٩٨، تأسست هيئة الإنترنت للأسماء والأرقام المخصصة (ICANN)، وباعتباره مؤسسة مسؤولة عن تسجيل وإدارة اسم النطاق ".cn"، شارك مركز معلومات شبكة الإنترنت في الصين (CNNIC) في فعاليات هيئة الإنترنت للأسماء والأرقام المخصصة (ICANN) منذ تأسيس الهيئة، المسؤول الفني لمركز معلومات شبكة الإنترنت في الصين (CNNIC) تشيان هوا لين حضر الاجتماع الأول لهيئة الإنترنت للأسماء والأرقام المخصصة (ICANN). وفي أكتوبر عام ١٩٩٩، تم انتخاب البروفيسور من جامعة تسينغهوا وو جيان بينغ عضوا في المنظمة الداعمة للعناوين (ASO) لهيئة الإنترنت للأسماء والأرقام المخصصة (ICANN)، وحضر نائب مدير إدارة الاتصالات بوزارة الصناعة وتكنولوجيا المعلومات الصينية تشن ين نيابة عن الصين اجتماع GAC لهيئة الإنترنت للأسماء والأرقام المخصصة (ICANN). وفي مارس عام ١٩٩٦، حصلت المعايير الموحدة لنقل الحروف الصينية على شبكة الإنترنت، والتي قدمتها جامعة تسينغهوا على الاعتماد من مجموعة مهندسي شبكة الإنترنت (IETF) لتصبح أول افتافية تعتبر ملفات RFC في الصين.

٢. في مرحلة تطور شبكة الإنترنت بسرعة: دفع عملية الحوكمة الأمنية الشاملة بنشاط

في السنوات العشر الأولى من القرن الـ٢١، دخل تطور شبكة الإنترنت العالمية إلى مرحلة التطور السريع، وخاصة تقدمت التنشئة الاجتماعية والتجارية لشبكة الإنترنت بشكل شامل. وفي هذه المرحلة، تغيرت أفكار وممارسات الحوكمة الدولية لشبكة الإنترنت تغيرا كبيرا. وفي عام ٢٠٠٣ و٢٠٠٥، عقدت المرحلة الأولى للقمة العالمية لمجتمع المعلومات (WSIS) في جنيف والمرحلة الثانية للقمة العالمية لمجتمع المعلومات في تونس على التوالي. وبعد

أعلنت شركة بايدو الصينية عن الإدراج الرسمي في بورصة ناسداك في ٥ من أغسطس عام ٢٠٠٥ بتوقيت نيويورك.

دخول القرن الـ٢١، أصبحت شبكة الإنترنت أهم بنية تحتية عالمية مهمة للمعلومات، وقد توغلت في جميع جوانب المجتمع بعمق، وأدى تطورها إلى تنسيق السياسات العامة والمنافسة الدولية في عديد من المجالات، وأصبحت أفكار الحوكمة التي تعتمد على التكنولوجيا والمؤسسات المعنية غير قادرة على التعامل مع العدد المتزائد من المشاكل "غير التقنية". وعلى هذه الخلفية، انطلقت القمة العالمية لمجتمع المعلومات (WSIS) بفضل دعم الأمم المتحدة، وتم تأسيس الفريق العامل المعني بإدارة الإنترنت (WGIG) ومنتدى حوكمة الانترنت (IGF)، الأمر الذي يعني أن المجتمع الدولي بدأ إجراء مناقشات متعمقة ومفصلة على الحوكمة الشاملة. وفي يونيو عام ٢٠٠٥، قام الفريق العامل المعني بإدارة الإنترنت (WGIG) في تقرير عمله بتحديد تعريف العمل (Work Definition) لحوكمة الإنترنت: تطوير وتطبيق من قبل الحكومات والقطاع الخاص والمجتمع المدني، كل بحسب دوره، للمبادئ المشتركة،

والمعايير، والقواعد، وإجراءات صنع القرار، والبرامج التي تشكل تطور واستخدام الإنترنت."

منذ ذلك الحين، أصبح فهم جميع الأطراف في المجتمع الدولي للحوكمة الدولية للفضاء الإلكتروني أوضح وأعمق، ولم يعد الأمن مجرد حماية أمن البنية التقنية، بل يشمل ذلك جميع مشكلات الأمن، بما في ذلك المجالات التقنية والاجتماعية التي تنشأ أثناء استخدام الإنترنت وتطبيقها. وبالإضافة إلى البريد العشوائي ودودة الحاسوب، أولى المجتمع الدولي اهتماما بالجرائم الإلكترونية وحتى مشاكل التجارة الدولية التي أدت إليها حقوق الملكية الفكرية على شبكة الإنترنت والاقتصاد الإلكتروني وغيرها من "المشاكل المتعلقة بالإنترنت". على سبيل المثال، في ذلك الوقت، بدأ المجتمع الدولي إجراء المناقشات حول قضايا مثل الفجوة الرقمية وأوجه القصور في قدرة الدول النامية على تطوير وإدارة شبكة الإنترنت من منظور التنمية ومنظور الأمن معا، واعتقد أن المستوى العام للأمن السيبراني يعتمد على تحسين "أضعف الأجزاء"، وسيصبح ضعف قدرة الدول النامية على حماية الأمن السيبراني أهم العوامل التي تقيد تحسن مستوى الأمن العام للفضاء الإلكتروني.

تمشيا مع هذا الاتجاه، في بداية القرن الـ٢١، دخلت قضية شبكة الإنترنت في الصين أيضا إلى فترة التطور السريع والشامل. على سبيل المثال، بدأت شبكة شاينا نت كوم (CMNET) تعمل وأطلقت رسميا نظام التطبيقات اللاسلكية (WAP) في مايو عام ٢٠٠٠. وفي عام ٢٠٠١، أطلقت شركة الاتصالات الصينية خدمة التجول الدولي. وبالإضافة إلى ذلك، تطورت شركات الإنترنت الصينية بسرعة، على سبيل المثال، في مارس عام ٢٠٠٥، تم إدراج شركة بايدو في بورصة ناسداك في الولايات المتحدة، وفي أغسطس عام ٢٠٠٥، سلمت شركة ياهو الأمريكية جميع أعمالها في الصين إلى مجموعة علي باب. وفي الوقت نفسه، أسهم مفهوم "ويب ٢٫٠" الذي يمثله "بلوق" (BLOG) في تعزيز تطور شبكة الإنترنت في الصين، وظهور سلسلة من الأشياء الجديدة. وفي هذه المرحلة، أصبحت شبكة الإنترنت بشكل حقيقي محركا اقتصاديا مهما ومنصة اجتماعية مهمة. ولكن في نفس الوقت، بدأت خطورة القضايا الأمنية المختلفة المتعلقة بشبكة الإنترنت تظهر تدريجيا. واستجابت الحكومة الصينية لهذه التحديات بنشاط، ففي الداخل، بذلت الوزرات واللجان ذات الصلة جهودا كبيرة لتعزيز صياغة وإصدار التدابير والسياسات حول الأمن السيبراني، وفي الساحة الدولية، شاركت بنشاط في أعمال الحوكمة الشاملة للأمن السيبراني. وفي ديسمبر عام ٢٠٠٣، عقدت المرحلة الأولى للقمة العالمية لمجتمع المعلومات (WSIS) في جنيف، وأرسلت الصين وفدا حكوميا ترأسه وزير الصناعة وتكنولوجيا المعلومات الصينية وانغ شيوي دونغ لحضور القمة، وألقى الوزير الصيني في القمة كلمات تحت عنوان "تعميق التعاون وتعزيز التنمية والتقدم معا نحو مجتمع معلومات معا" لتوضيح القضايا مثل أمن شبكة المعلومات والاتصالات وإدارة الإنترنت وحقوق الإنسان وحرية التعبير

و"تضييق الفجوة الرقمية". وخلال فترة القمة، شاركت الصين في طرح قضية الحوكمة العالمية لشبكة الإنترنت والتي تكون إدارة الموارد الجوهرية لعناوين بروتوكول الإنترنت نواتها، كما شاركت في عملية صياغة تقرير الفريق العامل المعني بإدارة الإنترنت (WGIG) وطرحت مقترحات الحكومة الصينية والمواطنين الصينيين.. وفي نوفمبر عام ٢٠٠٥، عقدت المرحلة الثانية للقمة العالمية لمجتمع المعلومات (WSIS) في تونس، وترأس هوانغ جيو، عضر اللجنة الدائمة للمكتب السياسي للجنة المركزية للحزب الشيوعي الصيني ونائب رئيس مجلس الدولة الصيني آنذاك وفدا صينيا لحضورها، وألقى فيها كلمات تحت عنوان "تعميق التعاون وتعزيز التنمية وخلق غد أفضل لمجتمع معلومات معا"، وأوضح مفاهيم ومقترحات حوكمة الصين في مجالات تعزيز التنمية المنسقة وتعزيز التعاون الدولي والاحترام الكامل لاختلافات النظم الاجتماعية والتنوع الثقافي. وبالإضافة إلى ذلك، أنشأت المرحلة الثانية للقمة العالمية لمجتمع المعلومات (WSIS) في تونس منتدى حوكمة الإنترنت (IGF)، وباعتباره منتدى متعدد الأطراف وديمقراطي وشفاف وتشارك فيه أصحاب المصلحة المختلفين، لعب منتدى حوكمة الإنترنت (IGF) دورا هاما في تعزيز عملية الحوكمة الدولية لشبكة الإنترنت. ويعد منتدى حوكمة الإنترنت (IGF) أحد الإنجازات الرئيسية التي حصلت عليها القمة العالمية لمجتمع المعلومات (WSIS)، وقد أصبح منصة رئيسية لمشاركة أصحاب المصلحة المختلفين في الحوكمة العالمية لشبكة الإنترنت. وفي عام ٢٠١١، تشكلت المجموعة الاستشارية لأصحاب المصلحة المتعددين (Multi-stakeholder Advisory Group - MAG)، وتتمثل مهمتها في تقديم المشورة للأمين العام للأمم المتحدة بشأن الأعمال الدورية لمنتدى حوكمة الإنترنت (IGF). وحتى اليوم، قد أصبح منتدى حوكمة الإنترنت (IGF) منصة مهمة ومعترف بها عالميا لحوكمة شبكة الإنترنت، وظلت الصين مشاركا نشطا فيه. وفي الدورات السابقة لمنتدى حوكمة الإنترنت (IGF)، أرسلت وزارة الصناعة وتكنولوجيا المعلومات الصينية وإدارة الفضاء الإلكتروني الصينية ووزارة الخارجية الصينية ممثلين للمشاركة فيها. وبالإضافة إلى جمعية الإنترنت الصينية وجمعية الصين للعلوم والتكنولوجيا والمركز الوطني لتنسيق الاستجابة لحالات الطوارئ على شبكة الإنترنت في الصين (CNCERT)، شاركت في المنتدى أيضا الجمعية الصينية لتقييس الاتصالات ومعهد بحوث المعلومات والاتصالات الصيني ومركز معلومات شبكة الإنترنت في الصين وبعض معاهد البحوث الصينية وبعض شركات الإنترنت الصينية مثل بايدو وتشي هو ٣٦٠ ويي باو للدفع الإلكتروني وتينسنت. وفي هذه الاجتماعات، حصلت إنجازات الصين ومقترحاتها في معالجة البريد العشوائي والانضباط الذاتي للصناعات وتنقل المعلومات بشكل حر وتدابير الأمن السيبراني والتنوع الثقافي على أثناء مشاركي الاجتماعات.

٣. في السنوات الأخيرة: حوكمة الأمن السيبراني تحت قيادة مفهوم "مجتمع ذي مصير مشترك للفضاء الإلكتروني"

من المعروف أن "قضية سنودن" التي حدثت في صيف عام ٢٠١٣ يعد نقطة مهمة لدفع تحول الحوكمة الدولية للفضاء الإلكتروني. وقبل ذلك، كانت عملية إصلاح الحوكمة الدولية للفضاء الإلكتروني بطيئة نسبيا، وأسرعت "قضية سنودن" في صياغة بعض الأجندات وإجراء الممارسات ذات الصلة، ووصلت مخاوف المجتمع الدولي بشأن أمن الفضاء الإلكتروني إلى ارتفاعات استراتيجية غير مسبوقة. وفي أكتوبر عام ٢٠١٣، أصدرت مؤسسات حوكمة التكنولوجيا التقليدية "بيان مونتيفيديو" لإدانة الحكومة الأمريكية لتنفيذ الرقابة العالمية في الفضاء الإلكتروني. وفي عام ٢٠١٤، نظمت هيئة الإنترنت للأسماء والأرقام المخصصة (ICANN) مع الحكومة البرازيلية "مؤتمر البرازيل للإنترنت (Net-Mundial)" ودعت إلى إصلاح آليات الحوكمة الحالية للفضاء الإلكتروني؛ وبعد ذلك، اتخذت الأطراف المختلفة في المجتمع الدولي تدابير إيجابية لتعزيز عملية تدويل هيئة الإنترنت للأسماء والأرقام

ألقى الأمين العام للأمم المتحدة بان كي مون كلمة في الاجتماع الرفيع المستوى للقمة العالمية لمجتمع المعلومات (WSIS) الذي عقد في الجمعية العامة للأمم المتحدة في ١٥ من ديسمبر عام ٢٠١٥.

المخصصة (ICANN) وإصلاح الوضع المتمثل في أن الحكومة الأمريكية تشرف على آليات توزيع وإدارة موارد شبكة الإنترنت الأساسية وتشجيع إصلاح آليات الهيئة. وفي مارس عام ٢٠١٤، تعهدت الحكومة الأمريكية بتخفيف الرقابة العالمية في الفضاء الإلكتروني، وفي أول أكتوبر عام ٢٠١٦، استكملت عملية تخفيف الرقابة العالمية. وفي الوقت نفسه، ظهرت مستويات مختلفة من المنتديات والمؤتمرات الثنائية والمتعددة الأطراف حول الحوكمة الدولية للفضاء الإلكتروني. على سبيل المثال، أولت كلا من مجموعة السبع ومجموعة العشرين اهتماما كبيرا بحوكمة أمن للفضاء الإلكتروني؛ وفي فترة ما بين ١٤ و١٦ من ديسمبر عام ٢٠١٥، عقد الاجتماع الرفيع المستوى لمراجعة تطبيق نتائج القمة العالمية لمجتمع المعلومات لمدة ١٠ سنوات (HLM ١٠+WSIS) في نيويورك؛ وتقدمت أعمال مجموعة الخبراء الحكوميين للأمم المتحدة (GGE) باستمرار، وفي عام ٢٠١٦، انطلقت أعمال الدورة الخامسة لمجموعة الخبراء الحكوميين للأمم المتحدة (GGE). وفي هذه المرحلة، تمتعت جداول الأعمال هذه بميزة بارزة، وهي التركيز على مشكلات الأمن من منظور استراتيجي.

أولا، اعتبار حوكمة الأمن السيبراني كجزء مهم لحوكمة الفضاء الإلكتروني. وأوضح الاجتماع الرفيع المستوى لمراجعة تطبيق نتائج القمة العالمية لمجتمع المعلومات لمدة ١٠ سنوات (HLM ١٠+WSIS) بوضوح الأهداف الإنمائية لمجتمع المعلومات في السنوات العشر المقبل (من عام ٢٠١٦ إلى عام ٢٠٢٥). واقترحت وثائق نتائج الاجتماع (Outcome Document) إطارا أساسيا ومبادئ لتطوير مجتمع المعلومات وإدارته، وعلى وجه الخصوص، حددت سلسلة من الأهداف الجديدة والمجالات الرئيسية لحوكمة الفضاء الإلكتروني، من بينها حوكمة الأمن السيبراني التي كانت بارزة جدا. على سبيل المثال، أكدت على "وظيفة القيادة للحكومة في شؤون الأمن السيبراني المتعلقة بالأمن القومي" وأكدت على دور القوانين الدولية وخاصة "ميثاق الأمم المتحدة"؛ وأوضحت أن الجرائم الإلكترونية والإرهاب السيبراني والهجمات الإلكترونية هي التهديدات الكبيرة للأمن السيبراني، ودعت إلى رفع مستوى ثقافة الأمن السيبراني الدولية وتعزيز التعاون الدولي؛ ودعت جميع الدول الأعضاء إلى تحمل المزيد من الالتزامات الدولية في حين تعزيز الأمن السيبراني المحلي، وخاصة مساعدة البلدان النامية على تعزيز بناء القدرات على حماية الأمن السيبراني.

ثانيا، التركيز على صياغة قواعد السلوك السيبرانية. واعتقد المجتمع الدولي عموما أن السبب الرئيسي للوضع الخطير الحالي لأمن الفضاء الإلكتروني هو الافتقار إلى قواعد السلوك السيبرانية بالإضافة إلى خصائص تطوير وتطبيق التكنولوجيا نفسها. لذلك، تعد تعزيز صياغة القواعد لتقييد سلوك الدول والكائنات الأخرى في الفضاء الإلكتروني مفتاحا لتحقيق الحوكمة الفعالة للفضاء الإلكتروني. من زاوية القواعد لتقييد سلوك الدول في

انعقد اجتماع وزراء الأمن العام للدول الأعضاء لمنظمة شانغهاي للتعاون في عاصمة كازاخستان أستانا في ٢٨ من أبريل عام ٢٠١١،
وتبادل مشاركو الاجتماع وجهات النظر حول قضايا مثل استخدام تكنولوجيا المعلومات ومكافحة الجرائم الإلكترونية.

الفضاء الإلكتروني، هناك تقارير مجموعة الخبراء الحكوميين للأمم المتحدة (GGE) ودليل تالين للقانون الدولي
المطبق في الحرب السيبرانية. وأكد تقرير الدورة الثالثة لمجموعة الخبراء الحكوميين للأمم المتحدة (GGE) على أن
القواعد والمعايير الدولية للسيادة الوطنية والقواعد والمعايير الدولية المستمدة من السيادة الوطنية تنطبق على أنشطة
تكنولوجيا المعلومات والاتصالات التي تنفذها الدول وتنطبق على ولاية الدول على البنية التحتية لتكنولوجيا المعلومات
والاتصالات داخل أراضيها. وفي عام ٢٠١٥، قامت مجموعة الخبراء الحكوميين للأمم المتحدة (GGE) بإثراء
المحتويات ذات الصلة في تقريرها، مواصلة إضافة في تقريرها مبادئ المساواة للسيادة الوطنية وعدم التدخل في
الشؤون الداخلية وحظر استخدام القوة والتسوية السلمية للنزاعات الدولية ومسؤولية رقابة مرافق شبكة الإنترنت
داخل الدول، الأمر الذي أسهم في تحسين قواعد السلوك السيبرانية. والأهم من ذلك، تبنت الدورة السبعين للجمعية
العامة للأمم المتحدة بالإجماع قرار أمن المعلومات الذي اقترحته ٨٢ دولة من بينها روسيا والصين والولايات
المتحدة، وخولت بتكوين دورة جديدة من مجموعة الخبراء وواصلت المناقشات حول كيفية تطبيق القانون الدولي
ومدونات السلوك والقواعد والمبادئ للدول المسؤولة في الفضاء الإلكتروني. وفي عام ٢٠١٦، تقدمت أعمال الدورة

الجديدة من مجموعة الخبراء بشكل مستقر، هادفة إلى تطبيق مدونات السلوك والقواعد والمبادئ للدول المسؤولة وبناء الثقة والقدرات في عديد من المجالات. وعلى الرغم من فشل هذه الدورة من مجموعة الخبراء الحكوميين للأمم المتحدة (GGE) في إصدار وثيقة نهائية، إلا أن مناقشاتها المفصلة والمعمقة لا تزال لها آثار إيجابية. وبالإضافة إلى ذلك، أصدر مركز التكامل في الدفاع السيبراني لحلف شمال الأطلسي (الناتو) دليل تالين للقانون الدولي المطبق في الحرب السيبرانية (النسخة الأولى) و(النسخة الثانية) في عام ٢٠١٣ وعام ٢٠١٦ على التوالي، لإجراء المناقشات حول قواعد السلوك في الحروب السيبرانية وإمكانية تطبيق القوانين الدولية مثل قانون النزاعات المسلحة في الفضاء الإلكتروني. وقام دليل تالين من النسخة الثانية بإضافة قواعد السلوك السيبرانية في أوقات السلم. وعلى الرغم من أن الدول الغربية ألفت هذا الدليل بشكل أساسي، إلا أنه من أجل تعزيز نفوذ الدليل، أملت الدول الغربية في انتشاره إلى الدول غير الغربية بشكل أوسع. وفي الوقت نفسه، على الرغم من أن الدليل يعد وثيقة لمقترحات الخبراء، إلا أنه سعى إلى الحصول على "تأييد" حكومي أيضا، مثل تنظيم مشاورات لممثلين قانونيين حكوميين. ويمكن القول إن دليل تالين للقانون الدولي المطبق في الحرب السيبرانية له تأثير مهم في تقييد السلوك السيبرانية في الفضاء الإلكتروني في المستقبل. أما بالنسبة إلى الكائنات الأخرى، فمع تعميق التعاون الدولي في مكافحة الجرائم الإلكترونية، ظهرت بعض القوانين واللوائح ذات الصلة لتقييد سلوكها السيبرانية أيضا. على سبيل المثال، اعتمد مؤتمر الأمم المتحدة الـ٢٦ لمنع الجريمة والعدالة الجنائية قرارا رسميا لتعزيز التعاون الدولي ضد الجرائم السيبرانية في ٢٤ من مايو عام ٢٠١٧.

في المرحلتين السابقتين، يمكن القول إن ممارسات الصين في الحوكمة الدولية لأمن الفضاء الإلكتروني تتجسد رئيسيا في المشاركة في أنشطة الحوكمة الدولية لأمن الفضاء الإلكتروني، وفي السنوات الأخيرة، مع تطور شبكة الإنترنت في الصين وارتفاع نفوذ الصين الدولي، وخاصة بعد طرح الأمين العام شي جين بينغ مقترحات بناء دولة قوية في مجال شبكة الإنترنت وبناء مجتمع ذي مصير مشترك في الفضاء الإلكتروني، لم تعد المشاركة فقط في الحوكمة الدولية لأمن الفضاء الإلكتروني تتكيف مع احتياجات الصين الداخلية في حوكمة الفضاء الإلكتروني. وعلى أساس المشاركة النشطة، بذلت الصين جهودا غير مسبوقة لأخذ زمام المبادرة واستثمار مزيد من الطاقة والموارد في الحوكمة الدولية لأمن الفضاء الإلكتروني. ومن جهة، واصلت الصين المشاركة في آليات ومنصات هامة لحوكمة الفضاء الإلكتروني. وفي السنوات الأخيرة، شاركت الصين بنشاط في مختلف الآليات والمنصات الدولية لحوكمة الفضاء الإلكتروني وطرحت مقترحاتها الخاصة. ولعبت دورا هاما في المنصات القائمة في إطار الأمم المتحدة، وفي عام ٢٠١١، بفضل الجهود المشتركة للصين وروسيا، تم تشكيل مجموعة الخبراء الحكوميين للأمم المتحدة

قالت وكيل وزارة الأمن الداخلي الأمريكي سوزان سبولدينج (Suzanne Spaulding) خلال حضورها في ندوة مركز الدراسات الاستراتيجية والدولية الأمريكية في واشنطن في ١٠ من سبتمبر عام ٢٠١٥، إنها شجعت الصين على تقاسم المعلومات مع فريق الاستجابة للطوارئ المتعلقة بأجهزة الكمبيوتر التابع لوزارة الأمن الداخلي الأمريكي (US–CERT) لتصبح حافظا على شبكة الإنترنت الأساسية.

(GGE) لمناقشة قضايا أمن المعلومات، وقد تمت إقامة أربع دورات منها حتى الآن. وشاركت الصين في جميع دورات مجموعة الخبراء الحكوميين للأمم المتحدة (GGE) وطرحت مقترحاتها بنشاط ولعبت دورا هاما في تعزيز توصل المجتمع الدولي إلى توافق حول كيفية تطبيق ميثاق الأمم المتحدة ومبادئه الأساسية في الفضاء الإلكتروني. وبالنسبة إلى العمليات العالمية والإقليمية الأخرى لحوكمة الفضاء الإلكتروني، شاركت الصين فيها بنشاط أيضا، على سبيل المثال، علمت الصين على دفع منظمة شانغهاي للتعاون ومجموعة السبع ومجموعة العشرين وقمة دول بريكس لإدراج قضايا الأمن السيبراني وحوكمة أمن الفضاء الإلكتروني في جداول أعمالها. كما قامت الصين بإنشاء منصات ثنائية لفتح آليات حوار مع الولايات المتحدة وبريطانيا وألمانيا حول قضايا الأمن السيبراني وعملت على تعزيز التوصل إلى اتفاقيات ثنائية وأجرت مناقشات عميقة وواسعة مع هذه الدول حول القضايا السيبرانية ذات الاهتمام المشترك. وفي الوقت نفسه، عملت الصين على تفعيل دور القوى غير الحكومية داخل البلاد وتشجيعها على إجراء التعاون الدولي بمختلف المستويات وعن الطرق المتعددة، على سبيل المثال، شجعت الصين المركز الوطني الصيني لتنسيق الاستجابة لحالات الطوارئ على شبكة الإنترنت (CNCERT) على إجراء التعاون مع مراكز

تنسيق الاستجابة لحالات الطوارئ على شبكة الإنترنت (CERT) في مختلف الدول، وأولت الصين اهتماما كبيرا بدور مراكز البحوث والخبراء، وشجعهم على المشاركة في مختلف المؤتمرات والمنتديات حول حوكمة الأمن السيبراني وطرح مقترحاتهم الإيجابية.

من جهة أخرى، عملت الصين بنشاط على وضع جداول أعمال وإنشاء منصات خاصة بها لحوكمة الفضاء الإلكتروني ودعت الأطراف المختلفة في المجتمع الدولي إلى بناء "مجتمع ذي مصير مشترك في الفضاء الإلكتروني" وقدمت مساهماتها الخاصة في الحفاظ على استقرار وتطور الفضاء الإلكتروني الدولي. ومنذ عام ٢٠١٤، قد نجحت الصين في إقامة المؤتمر العالمي للإنترنت (مؤتمر ووتشن) لمدة خمس سنوات متتالية، وأصبح هذا المؤتمر منصة هامة يناقش فيها المجتمع الدولي حول موضوعات حوكمة أمن الفضاء الإلكتروني ويسعى إلى التعاون في حوكمة الأمن السيبراني. وفي الدورة الثانية للمؤتمر العالمي للإنترنت في بلدة ووتشن، طرح الأمين العام شي جين بيع "أربعة مبادئ" و"خمسة مقترحات" حول تعزيز إصلاح نظام الحوكمة الدولية للفضاء الإلكتروني، حيث دعا جميع الأطراف في المجتمع الدولي إلى "تسريع بناء البنية التحتية لشبكة الإنترنت العالمية وتعزيز التواصل والترابط" و"بناء منصة مشتركة للتبادلات الثقافية عبر الإنترنت وتعزيز التبادلات والتعلم المتبادل" و"تشجيع التنمية المبتكرة للاقتصاد السيبراني وتعزيز الازدهار المشترك" و"حماية الأمن السيبراني وتعزيز التنمية المنتظمة" و"تعميق إصلاح نظم الحوكمة لشبكة الإنترنت وتعزيز العدالة والإنصاف" على أساس "التمسك بمبادئ احترام سيادة الفضاء الإلكتروني والحفاظ على السلام والأمن وتعزيز الانفتاح والتعاون وبناء نظام جيد"، ولقيت كلماته هذه ردود فعل إيجابية على الساحة الدولية. وفي أول مارس عام ٢٠١٧، أصدرت وزارة الخارجية الصينية وإدارة الفضاء الإلكتروني الصينية بشكل مشترك "استراتيجية التعاون الدولي للفضاء الإلكتروني" التي تهدف إلى بناء مجتمع ذي مصير مشترك في الفضاء الإلكتروني، على أساس السلام والتنمية التعاون والاكتساب المشترك، طرحت الاستراتيجية لأول مرة المقترحات الصينية حول تعزيز التعاون الدولي في الفضاء الإلكتروني وقدمت الحلول الصينية بشكل منهجي لحل مشاكل الحوكمة العالمية لأمن الفضاء الإلكتروني.

الفصل الثالث

موقف الصين ومقترحاتها حول القضايا المهمة لحوكمة الفضاء الإلكتروني

ظلت الصين تفكر بنشاط في المخاوف الأساسية المشتركة للمجتمع الدولي في حين المشاركة في عملية حوكمة الفضاء الإلكتروني. وفي الوقت نفسه، تكون حوكمة الفضاء الإلكتروني مسألة كبيرة للمجتمع الدولي بأسره، الأمر الذي يتطلب من جميع الأطراف في المجتمع الدولي تقديم الحلول المناسبة، وعلى هذه الخلفية، طرحت الصين وجهات نظرها ومقترحاتها حول كيفية بناء فضاء إلكتروني سلمي وآمن ومستقر ومزدهر في حدود قدراتها. ومع ذلك، بسبب وجود الاختلافات في الظروف الوطنية والفهم، وخاصة بسبب وجود بعض "التفسيرات الخاطئة" و"سوء الفهم"، شكت أطراف المجتمع الدولي في بعض مقترحات الصين. لذلك، من الضروري شرح وتوضيح هذه المسائل هنا.

١. مسألة "أصحاب المصلحة المتعددين"

تأثرا بتقاليد حوكمة الإنترنت، يعتبر ما يسمى "أصحاب المصلحة المتعددين" نموذجا لحوكمة الإنترنت وحوكمة الفضاء الإلكتروني لفترة طويلة. وظل المجتمع الدولي يعتقد أن الصين لا تدعم "نموذج أصحاب المصلحة المتعددين"، بل تدعم ما يسمى "النموذج الذي تلعب الحكومة فيه دورا قياديا"، لأن الصين تدعم منظمات ومؤسسات الأمم المتحدة ذات الصلة للعب دور مهم في عملية حوكمة الإنترنت. وهذا هو في الواقع سوء فهم خطير.

أولا، في الواقع، ظلت الأمم المتحدة مروجا مهما لعملية حوكمة الإنترنت الدولية. على سبيل المثال، تطورت عملية القمة العالمية لمجتمع المعلومات (WSIS) بفضل دعم الأمم المتحدة، ولدى هذه القمة مغزى تاريخيا وأهمية واضحة لحوكمة الإنترنت. ويعرف أي شخص مطلع على تاريخ حوكمة الإنترنت أنه بفضل جهود الفريق العامل

عقدت وزارة الخارجية الصينية والأمم المتحدة بشكل مشترك الندوة الدولية حول المعلومات والأمن السيبراني في ٥ من يونيو عام ٢٠١٤، وحضر نائب وزير الخارجية الصيني لي باو دونغ مراسم افتتاح الندوة وألقى كلمة فيه لشرح موقف الصين وممارساتها في قضايا الأمن السيبراني بشكل شامل.

المعني بإدارة الإنترنت (WGIG) ودعم الأمين العام للأمم المتحدة آنذاك كوفي عنان، دعت مختلف الأطراف في المجتمع الدولي إلى "البحث عن نموذج حوكمة الإنترنت بطريقة مبتكرة نظرا لأن شبكة الإنترنت مختلفة تماما"، وبعد الاستماع إلى آراء جميع الأطراف، تم تحديد "نموذج أصحاب المصلحة المتعددين" في نهاية المطاف. وفي ذلك الوقت، دعمت الحكومة الأمريكية نموذجا يقوده القطاع الخاص، بينما أدركت الصين وبعض الدول الأخرى أن الحكومة لعبت دورا لا غنى عنه في صياغة السياسات العامة، ودعت الحكومة والقطاع الخاص والمجتمع وحتى الفرد إلى المشاركة في حوكمة الفضاء الإلكتروني، ولهذا السبب، بفضل الجهود المشتركة لجميع الأطراف في المجتمع الدولي، وضع الفريق العامل المعني بإدارة الإنترنت (WGIG) تعريفا واضحا لأعمال حوكمة الإنترنت، مؤكدا على أنه يجب على هذه الكائنات "لعب دورا وفقا لوظائفها".

ثانيا، تكون محتويات حوكمة الإنترنت أو حوكمة الفضاء الإلكتروني واسعة جدا، وتكون مواضيعها معقدة ومتنوعة. وفي الواقع، لدى الحوكمة "مختلف الطبقات"، أي يمكن تقسيمها حسب خصائص مواضيعها إلى ثلاثة طبقات: "الطبقة الفيزيائية" و"الطبقة المنطقية" و"طبقة التطبيق"، حيث تركز الطبقتان الأوليتان بشكل أساسي

على الجانب التقني، أما الطبقة الأخيرة فتتوسع باستمرار مع التطور المعمق لتطبيق الإنترنت، ولا تشمل المسائل التقنية فحسب، بل تشمل عددا كبيرا من مسائل صياغة السياسات العامة أيضا. ووفقا لنظرية "مختلف الطبقات" لحوكمة الإنترنت، ترتبط هذه المواضيع ببعضها البعض، ولكن سماتها الأساسية مختلفة تماما، ويجب اتخاذ طرق الحوكمة المختلفة للتعامل مع المواضيع على مختلف الطبقات. لذلك، لا يوجد أي نموذج يمكن تطبيقه على جميع "الطبقات" لحوكمة الفضاء الإلكتروني. وتكون الكائنات المشاركة في كل طبقة من حوكمة الفضاء الإلكتروني متنوعة، وإن الأدوار التي تلعبها هذه الكائنات مختلفة في كل طبقة من الحوكمة أيضا. على سبيل المثال، يجب على القطاع الخاص والنخبة التقنية لعب دور قيادي في المجال التقني لحوكمة الفضاء الإلكتروني، أما فيما يتعلق بصياغة السياسات العامة، فيجب على الحكومة تحمل مزيد من المسؤوليات. لذلك، يشدد ما يسمى "نموذج أصحاب المصلحة المتعددين" فقط على اختلاف إجراءات المشاركة وعملية اتخاذ القرارات للكائنات المشاركة في حوكمة الفضاء الإلكتروني، ولم يعكس الاختلافات المتنوعة في ممارسة حوكمة الفضاء الإلكتروني.

ثالثا، لا يوجد تعريف موحد لـ "نموذج أصحاب المصلحة المتعددين" حتى الآن. وهناك نقطتان رئيسيتان فقط لتحديد هذا النموذج: النقطة الأولى هي مشاركة جميع الأطراف، والثانية هي العملية المفتوحة والشفافة. وفي الواقع، لا توجد "القواعد الموحدة" لتحديد مكانة الأطراف المختلفة والعلاقات بينهم في حوكمة الفضاء الإلكتروني الواقعية. وحتى هيئة الإنترنت للأسماء والأرقام المخصصة (ICANN) ومجموعة مهندسي شبكة الإنترنت (IETF) اللتين تعتمدان على "نموذج أصحاب المصلحة المتعددين" رئيسيا، تكون الهياكل التنظيمية وعملية التشغيل بينهما مختلفة جدا. والأهم أنه إذا يمكن لأي طرف المشاركة في عملية حوكمة الفضاء الإلكتروني، فإن ممارسات التقييد المعمد لدور كائن ما أو حتى الممارسات التي قد تؤدي إلى المواجهة بين الكائنات هي الضرر الحقيقي لـ "نموذج أصحاب المصلحة المتعددين". لذلك، إن ما يمسى "عدم دعم الصين لنموذج أصحاب المصلحة المتعددين" ليس صحيحا، وفي الواقع، لم تعارض الصين هذا النموذج أبدا، بل دعت إلى تطبيق هذا النموذج بشكل مرون وعملي وفقا للوضع الواقعي، لأن حوكمة الإنترنت نفسها نظام معقد، ويجب الاستناد إلى مجال أو موضوع محدد (issuebased) في حين ممارسة حوكمة الإنترنت. وإن التحدث فقط عن حوكمة الإنترنت بدون أي محتوى حقيقي ليس له معنى عملي. وعلى وجه التحديد، في التطبيق العملي لهذا النموذج، يجب إيلاء الاهتمام بـ "العدالة والكفاءة"، أي ضمان "العدالة" من خلال ضمان مشاركة جميع أصحاب المصلحة المتعددين، ولكن في الوقت نفسه، من الضروري ضمان "الكفاءة" من خلال تفعيل الأدوار القيادية لمختلف الكائنات. على سبيل المثال، تتحمل الجمعيات الفنية والمنظمات المهنية المسؤولية عن الحفاظ على هيكل تكنولوجيا الإنترنت ومعاييرها، بينما ينبغي على الحكومة أن

إدارة الفضاء الإلكتروني الصينية تعقد مؤتمرا صحفيا.

تلعب دورا قياديا في الشؤون المتعلقة بالسياسات العامة. وفي أي حال، لا يعني "من يلعب دورا قياديا" سوى تقسيم المسؤوليات، ولا يعني "الهيمنة" أبدا، ومن أجل تشكيل عملية صياغة القرارات الكاملة، يجب إجراء التشاور والتفاوض وقبول الرقابة من قبل الأطراف المتعددة.

لكن من الأسف، ظلت توجد في الفضاء الإلكتروني بعض "أفكار الحرب الباردة"، وعلى أساس دعم أو عدم دعم ما يسمى "أصحاب المصلحة المتعددين"، تقسمت "المعسكرات المختلفة". ومن أجل تنسيق هذه المشاكل والتناقضات الناتجة عن ذلك، اعتبرت الوثيقة الختامية للاجتماع الرفيع المستوى لمراجعة تطبيق نتائج القمة العالمية لمجتمع المعلومات لمدة ١٠ سنوات (HLM ١٠+WSIS) أن "أصحاب المصلحة المتعددين" و"متعدد الأطراف" ليسا متناقضين، بل يعدان من الأجزاء المهمة لحوكمة الفضاء الإلكتروني. وبعد ذلك، بدأت الصين طرح عبارات "متعدد الأطراف" و"الأطراف المختلفة" في الوثائق الرسمية ذات الصلة للاستجابة على وثيقة الاجتماع الرفيع المستوى لمراجعة تطبيق نتائج القمة العالمية لمجتمع المعلومات لمدة ١٠ سنوات (HLM ١٠+WSIS) من جهة، ومن جهة أخرى، نظرا لسوء فهم المجتمع الدولي لموقف الصين عن "أصحاب المصلحة المتعددين"، اتخذت الصين عبارة "الأطراف المختلفة" لتجنب التفسير الخاطئ وسوء الفهم غير الضروري.

٢. مسألة "سيادة الفضاء الإلكتروني"

حتى الآن، لا تزال هناك عديد من وجهات النظر في المجتمع الدولي أن دعوة الصين إلى سيادة الفضاء الإلكتروني يعني أن الصين تفصل نفسها عن شبكة الإنترنت الموحدة عالميا، قائلة إن هذه التصرفات ستؤدي إلى التهديدات الخطيرة لشبكة الإنترنت المفتوحة والحرة والمتسمة بالتواصل والترابط وتنقل المعلومات بشكل حر. ولكن هذا ليس هو الحال الواقعي، ولا يوجد فرق جوهري بين فهم الصين والدول الأخرى حول "سيادة الفضاء الإلكتروني".

أولا، تؤيد الصين التوافق الدولي المتمثل في أن "مبدأ السيادة" ينطبق على الفضاء الإلكتروني. ولفترة طويلة، كان "الفضاء الإلكتروني" يُعتبر مجالا يتجاوز الفضاء الحقيقي، ولا ينبطق مبدأ السيادة الوطنية على الفضاء الإلكتروني، ولا يخضع لسيطرة الدول ولا يخضع لتقييد القواعد الدولية. ولكن الممارسات أثبتت أنه على الرغم من أن "الفضاء الإلكتروني" يتمتع بـ التخصصات المعينة، إلا أن تطوره ليس "تطورا عشوائيا"، لذا، يجب إنشاء نظام دولي. وفي الوضع الحالي، يجب توضيح "السيادة الوطنية" في حين إنشاء نظام دولي. لذلك، بعد مناقشات واسعة النطاق، أكدت وثائق مجموعة الخبراء الحكوميين للأمم المتحدة (GGE) على أن "مبدأ السيادة" وغيره من المبادئ الأساسية لميثاق الأمم المتحدة والقوانين الدولية تنطبق على الفضاء الإلكتروني.

ثانيا، تدعم الصين المجتمع الدولي لمواصلة المناقشة في مسألة تطبيق مبدأ السيادة على الفضاء الإلكتروني. وعلى الرغم من أن المجتمع الدولي قد توصل إلى توافق بشأن أن مبدأ السيادة ينطبق على الفضاء الإلكتروني، إلا أن هناك مازالت عديد من المشاكل في تطبيق هذا المبدأ. وجاءت بعض هذه المشاكل من اختلاف المعارف، مثلا، يرى بعض العلماء أنه بسبب امتداد الفضاء الإلكتروني عبر الحدود، يجب اتخاذ موقف التعاون وتحمل المسؤولية للنظر في "تنازل السيادة" عند تطبيق مبدأ السيادة، ولكن يرى بعض العلماء الآخرين أنه قبل مناقشة ما يسمى "تنازل السيادة"، يجب حل مسائل تعريف السيادة وتوضيح الحدود أولا. وجاءت المشاكل الأخرى من الممارسات الواقعية. على سبيل المثال، ينص مبدأ السيادة على أنه "للدولة الحق في أن تكون خالية من التدخل الخارجي"، ولكن بسبب إمكانية عدم الكشف عن الهوية وصعوبة إيجاد المصادر في الفضاء الإلكتروني، من الصعب توضيح ما يسمى "التدخل الخارجي" في الفضاء الإلكتروني، لذلك، لا يمكن حماية الحقوق السيبرانية في كثير من الحالات. وعلى الرغم من وجود الصعوبات الكثيرة، ما زالت المناقشة حول تطبيق مبدأ السيادة في الفضاء الإلكتروني تحرز بعض التقدمات، والأهم هو أن جميع الأطراف في المجتمع الدولي توصلت إلى توافق حول "سيادة داخلية"

للفضاء الإلكتروني، أي تتمتع البلدان بحق السيطرة على البنية التحتية لشبكة الإنترنت والأنشطة السيبرانية وتنقل المعلومات داخل أراضيها. لذلك، اعتقدت الصين أن تطور "الفضاء الإلكتروني" مازال يستمر، ولا تزال العديد من المشاكل بما في ذلك تطبيق مبدأ السيادة في طور الاستكشاف، ويجب التمسك بمبادئ الانفتاح والعقلانية والابتكار لمواصلة تشجيع تطوير الابتكارات النظرية وإجراء الممارسات المتنوعة.

ثالثا، تعكس "رؤية الصين حول سيادة الفضاء الإلكتروني" الخصائص الأساسية لمبدأ السيادة. وأوضح الأمين العام شي جين بينغ معنى سيادة الفضاء الإلكتروني في عديد من المناسبات. على سبيل المثال، في مراسم الافتتاح للدورة الثانية للمؤتمر العالمي للإنترنت في بلدة ووتشن، أشار الأمين العام شي جين بينغ إلى أن سيادة الفضاء الإلكتروني تشمل "احترام حق البلدان في اختيار مسار تطوير شبكة الإنترنت الخاصة بها ونموذج إدارة شبكة الإنترنت والسياسات العامة لشبكة الإنترنت والمشاركة المتساوية في الحوكمة الدولية للفضاء الإلكتروني وعدم ممارسة الهيمنة في الفضاء الإلكتروني وعدم التدخل في الشؤون الداخلية للبلدان الأخرى وعدم ممارسة أو دعم الأنشطة السيبرانية التي تضر بالأمن القومي للبلدان الأخرى"، وشرح أن مبدأ السيادة ينطبق على الفضاء

انعقد معرض الأمن السيبراني عام ٢٠١٧ في مركز شانغهاي الوطني للمؤتمرات والمعارض في سبتمبر عام ٢٠١٧.

الإلكتروني. ويهدف تطبيق مبدأ السيادة على الفضاء الإلكتروني إلى ضمان حق الدول المختلفة في صياغة السياسات والخطط المتعلقة بشبكة الإنترنت بشكل مستقل وفقا لظروفها الخاصة، ومساعدة الدول المختلفة على الحصول على حق المشاركة المتساوية في حوكمة الإنترنت العالمية، وجعل الفضاء الإلكتروني يتطور بشكل أكثر عدلا وإنصافا. ويمكن القول إن الصين لم تقدم أي تفسير يتجاوز مفهوم السيادة التقليدي لسيادة الفضاء الإلكتروني، بل تعمل على إمداد مفهوم السيادة إلى الفضاء الإلكتروني وفقا لمصالحها ومسؤولياتها في المجتمع الدولي.

٣. مسألة قواعد الفضاء الإلكتروني

في عملية صياغة قواعد الفضاء الإلكتروني، تركز شكوك المجتمع الدولي لموقف الصين ومقترحاتها بشكل أساسي على سبب التزام الصين بتفعيل دور "إطار الأمم المتحدة"، فهل مازالت الصين تتمسك بتشجيع الحكومة على لعب دور قيادي وتميل إلى إطار أو نموذج متعدد الأطراف؟ وفي الواقع، إذا فهم المجتمع الدولي حكم الصين الأساسي على ضرورة صياغة القواعد الدولية للفضاء الإلكتروني، يمكنه فهم أن الصين تركز على إطار الأمم المتحدة بسبب أنها تأخذ موقف تحمل المسؤولية وتنظر في مختلف وأهميتها المنصات والقنوات التي تقوم بصياغة قواعد الفضاء الإلكتروني بشكل عقلاني وعملي.

في الوقت الحالي، يكون الوضع الأمني في الفضاء الإلكتروني خطيرا للغاية، وهناك سببان رئيسيان وراء ذلك: الأول هو نقاط الضعف الأمنية والأخطار الخفية في عملية تطبيق التكنولوجيا، والثاني هو نقصان القواعد السلوكية في الفضاء الإلكتروني. ويكون السبب الثاني أكثر خطورة. لأن المشكلات التقنية يمكن حلها بسهولة نسبيا، وفي معظم الحالات، لا توجد أي مشكلة في التكنولوجيا وتطبيقها، لأن التكنولوجيا محايدة، بل جاءت المشكلات من "أشخاص" يسيئون استخدام التكنولوجيا. لذلك، إن تعزيز القواعد لتقييد تصرفات الجهات الفاعلة في الفضاء الإلكتروني، أي إجراء التنظيم الفعال للجهات الفاعلة بما في ذلك البلدان والكائنات غير الدول هو المفتاح للحفاظ إلى حد أقصى على أمن واستقرار الفضاء الإلكتروني. وفي الوقت الحالي، من الواضح أن صياغة مدونة السلوك للدول العالمية يجب إجراءها في الإطار المتعدد الأطراف، أما بالنسبة إلى مدونة السلوك للكائنات غير الدول، مثل مكافحة الجرائم الإلكترونية ومكافحة الإرهاب، يكون استثمار الموارد الحكومية وتفعيل دور الحكومة القوي مفتاحا لصياغة مدونة السلوك هذه على الرغم من أن الأمر يحتاج إلى التعاون بين مختلف الأطراف أيضا. لذلك، مازال إطار أو هيكل الأمم المتحدة أحد الطرق الفعالة لمناقشة مثل هذه القضايا. وعلى الرغم من أن عملية صياغة القواعد الدولية للفضاء الإلكتروني تواجه بعض الصعوبات في الوقت الحالي، إلا أن الصين مازالت تولي

اهتماما كبيرا بأهمية صياغة هذه القواعد، وخاصة في مجال صياغة مدونة السلوك للدول العالمية، يجب الاستناد إلى "إطار الأمم المتحدة" كقناة رئيسية والاستناد إلى القنوات الأخرى أيضا.

أولا، صياغة مدونة السلوك للدول العالمية في الفضاء الإلكتروني يجب الاعتماد على دور "إطار الأمم المتحدة". وفي المنظومة الدولية الحالية، مازال "إطار الأمم المتحدة" أكثر هيئة موثوقة وشرعية للتعامل مع العلاقات الدولية والاستجابة للتهديدات الأمنية العالمية، وينطبق هذا على الفضاء الإلكتروني أيضا. وبمعنى ما، تعد العلاقات الدولية والتفاعل بين الدول في الفضاء الإلكتروني امتدادا للعلاقات الدولية الواقعية في الفضاء الإلكتروني، لذلك، يجب الاعتماد على "إطار الأمم المتحدة" في حين صياغة مدونة السلوك للدول العالمية في الفضاء الإلكتروني أيضا. وأثبتت الممارسات أن "إطار الأمم المتحدة" ظل يلعب دورا رئيسيا في صياغة مدونة السلوك للدول العالمية في الفضاء الإلكتروني. بالإضافة إلى مجموعة الخبراء الحكوميين للأمم المتحدة (GGE) والقمة العالمية لمجتمع المعلومات (WSIS)، هناك الاتحاد الدولي للاتصالات (ITU) أيضا. وفي يوليو عام ٢٠١٧، أصدر الاتحاد الدولي للاتصالات مؤشر الأمن السيبراني العالمي (GCI)، مشيرا إلى أن الأمن السيبراني قد أصبح جزءا مهما لعملية التحول الرقمي، وشجع دول العالم على النظر في وضع السياسات الوطنية للأمن السيبراني. ويولي مؤشر الأمن السيبراني العالمي (GCI) اهتماما بالغا بقضية الجرائم الإلكترونية، قائلا إنه ينبغي على حكومات دول العالم اتخاذ التدابير لتعزيز بناء البيئة الإيكولوجية للأمن السيبراني من أجل تخفيف تهديدات الجرائم الإلكترونية وتعزيز ثقة الناس بشبكة الإنترنت. وبفضل الجهود المشتركة لهذه الآليات، تجري أعمال صياغة السياسات العامة والحلول التقنية للأمن السيبراني على قدم وساق.

ثانيا، يجب النظر في عملية صياغة القواعد الأخرى بشكل صحيح. ولا تزال صياغة قواعد الفضاء الإلكتروني في مرحلة أولية، وبصورة عامة، يجب الالتزام بالموقف "المفتوح" للاستفادة من أي المحاولات المفيدة، سواء أ كانت ابتكارا نظريا أو إصلاحا مؤسسيا أو ممارسة واقعية. وفي الواقع، في السنوات الأخيرة، بالإضافة إلى إطار الأمم المتحدة، لعبت الآليات والكيانات الأخرى ذات الصلة دورا في هذا المجال أيضا. على سبيل المثال، على مستوى المنظمات الحكومية الإقليمية، فكرت مجموعة السبع (G٧) ومجموعة العشرين (G٢٠) بنشاط في التعامل مع تهديدات الأمن السيبراني. ووافق قادة قمة مجموعة السبع على "إعلان بشأن تعزيز السلوك المسؤول في الفضاء الإلكتروني"، مشيرين إلى أنهم سيعملون معا على التعامل مع الهجمات الإلكترونية وتخفيف تأثيرات الهجمات الإلكترونية على البينة التحتية الحيوية. وعلى مستوى الشركات، اقترحت شركة مايكروسوفت على صياغة "سميث" ما يعرف بـ "اتفاقية جنيف الرقمية"، ودعت المجتمع الدولي إلى مراجعة ممارسة "اتفاقية جنيف" لحماية المدنيين

في وقت الحرب وضمان عدم تعرض المدنيين في زمن السلم للهجمات الإلكترونية. اقترحت شركة سيمنز على "ميثاق الثقة" للأمن السيبراني لزيادة ثقة جميع الأطراف بالفضاء الإلكتروني. وعلى مستوى خزانات التفكير، أصدر مركز التكامل في الدفاع السيبراني للناتو دليل تالين للقانون الدولي المطبق في الحرب السيبرانية (النسخة الأولى) و(النسخة الثانية) في عام ٢٠١٣ وعام ٢٠١٦ على التوالي، لإجراء المناقشات حول قواعد السلوك في الحروب السيبرانية وإمكانية تطبيق القوانين الدولية مثل قانون النزاعات المسلحة في الفضاء الإلكتروني. وقام دليل تالين بالنسخة الثانية بإضافة قواعد السلوك السيبرانية في أوقات السلم. وفي فبراير عام ٢٠١٧، أنشأ معهد الشرق والغرب الأمريكي ومركز لاهاي للدراسات الاستراتيجية بشكل مشترك "اللجنة العالمية بشأن استقرار الفضاء السيبراني" التي تهدف إلى جمع ذكاء الأوساط الأكاديمية العالمية لزيادة تعزيز الاستقرار في الفضاء الإلكتروني. وعندما تواجه الآليات التقليدية مثل مجموعة الخبراء الحكوميين للأمم المتحدة (GGE) مشاكل "عنق الزجاجة"، جذبت هذه المقترحات أنظار المجتمع الدولي بلا شك، وبدأت جميع الأطراف في المجتمع الدولي تفكر في مختلف الطرق الممكنة لوضع القواعيد السيبرانية.

ثالثا، يجب مواجهة المشاكل في عملية صياغة القوعد بشكل صحيح. وفي عملية صياغة القواعد حاليا، توجد بعض المشاكل بالتأكيد. وحتى الآن، لم ينشئ نظام قواعد ناضج وفعال لحوكمة أمن الفضاء الإلكتروني. مثلا، على مستوى إطار الأمم المتحدة، بسبب نقص الموارد ووجود مشكلة الكفاءة، على الرغم من أنه يمكن التوصل إلى الآراء المبدئية في هذا الإطار، إلا أنه من الصعب تطبيق البنود المفصلة ذات الصلة. وبعد عام ٢٠١٧، قام المجتمع الدولي بمناقشات واسعة النطاق حول اتجاه عمل مجموعة الخبراء الحكوميين للأمم المتحدة (GGE) وحتى تعديل آليتها. وعمل الأمين العام للأمم المتحدة أنطونيو غوتيريس على تشكيل فريق جديد من الخبراء المحترفين، آملا في اختراق عنق الزجاجة هذا. وعلى مستوى المنظمات الحكومية الإقليمية، بسبب وجود مشكلات الجغرافيا السياسية والتمثيلية، يكون نفوذ هذه المنظمات الحكومية الإقليمية مقيدا نسبيا. وعلى مستوى الشركات وخزانات التفكير، على الرغم من أنها قدمت بعض المقترحات والمبادرات، إلا أن تحول هذه المقترحات والمبادرات إلى القواعد أو المعايير يحتاج إلى قبول واعتراف المجتمع الدولي على نطاق واسع. ولكن في الواقع، يكون هذا الأمر صعبا جدا. على سبيل المثال، بعد إصدار دليل تالين يرى بعض الأشخاص أنه في ظل عمل دول العالم على تعزيز القوة العسكرية على شبكة الإنترنت، سيؤدي بدء التفكير في تطبيق قانون النزاعات المسلحة في الفضاء الإلكتروني إلى تفاقم اتجاه "عسكرة الفضاء الإلكتروني" بلا شك، الأمر الذي لا يفضي إلى إقامة الثقة وتعزيز الاستقرار في الفضاء الإلكتروني؛ أما بالنسبة إلى "اتفاقية جنيف الرقمية" التي طرحتها شركة مايكروسوفت، على الرغم من أن عديد من

عقد مؤتمر الصين لأمن الشبكات والمعلومات في مدينة تشنغدو في ١٩ من يوليو عام ٢٠١٨ تحت عنوان "التركيز على أمن الفضاء الإلكتروني وحماية تنمية الاقتصاد الرقمي"، الأمر الذي يوفر منصة تبادلات واسعة النطاق لتطوير تكنولوجيا أمن المعلومات السيبرانية.

حكومات دول العالم عبرت عن ترحيبها بمساهمات شركة مايكروسوفت، إلا أن معظمها مازالت تعتقد أن صياغة قواعد سلوك الفضاء الإلكتروني أمر يهم الحكومات، ويحق للحكومات فقط بصياغة هذه القواعد. وبموضوعية، مازالت عملية صياغة قواعد سلوك الفضاء الإلكتروني في مرحلة أولية، ولدى أي مناقشة ومقترح دور بناء، وعلى الأقل تكون مفيدة لانتشار مفهوم الأمن والاستقرار للفضاء الإلكتروني وتكون مفيدة لخلق بيئة مواتية لصياغة قواعد سلوك الفضاء الإلكتروني على المدى الطويل. ويجب على جميع الأطراف في المجتمع الدولي بذل الجهود معا لصياغة قواعد سلوك الفضاء الإلكتروني.

٤. مسألة مكافحة الجرائم السيبرانية

فيما يتعلق بمقترحات وممارسات الصين في مكافحة الجرائم الإلكترونية، سأل العالم الخارجي خاصة الولايات المتحدة والدول الأوروبية دائما: كيف تنظر الصين إلى "اتفاقية بودابست بشأن الجريمة السيبرانية"؟ وشكك في عزم الصين على مكافحة الجرائم السيبرانية. وفي الواقع، أوضحت الصين في عديد من المناسبات الدولية

موقفها ومقترحاتها حول تعزيز التعاون الدولي في مكافحة الجرائم السيبرانية.

أولا، تولي الصين اهتماما بالغا بمكافحة الجرائم السيبرانية. وأدركت الصين أنه مع تطور مجتمع المعلومات على نحو متزائد، أظهرت الجرائم التقليدية أشكالا وخصائص جديدة على شبكة الإنترنت، وفي الوقت الحالي، أصبحت الجرائم السيبرانية أكثر تنظيما وانتقلت عبر الحدود بشكل أكثر حرية، مما جلب أضرارا كبيرة للأمن السيبراني والنظام الاجتماعي. لذلك، من جهة، عملت الصين على تحسين السياسات والقوانين المتعلقة بالأمن السيبراني باستمرار واعتبرت مكافحة الجرائم السيبرانية مهمة استراتيجية لحماية الأمن السيبراني الوطني. وفي السنوات الأخيرة، أصدرت الصين "قانون الأمن القومي" و "قانون الأمن السيبراني" وغيرهما من القوانين واللوائح، كما عملت بنشاط على تحسين التشريع الجنائي لمحافكة الجرائم السيبرانية، مما حدد إطارا قانونيا أساسيا لإدانة الجرائم السيبرانية. ومن جهة أخرى، أجرت الصين بنشاط التعاون الدولي في إنفاذ القانون. وباعتبارها الجهاز الرئيسي المسؤول عن مكافحة الجرائم السيبرانية، عملت أجهزة الأمن العام الصينية على تعزيز التعاون الدولي في مجال إنفاذ القانون باستمرار، واعتمادا على فريق عمل الإنتربول لآسيا والمحيط الهادئ المعني بمكافحة

عقد في ٤ من ديسمبر عام ٢٠١٧ منتدى "التعاون الدولي في مكافحة الجرائم السيبرانية والإرهاب السيبراني" خلال فترة الدورة الرابعة للمؤتمر العالمي للإنترنت في بلدة ووتشن بمقاطعة تشجيانغ.

جرائم تكنولوجيا المعلومات، أنشأت آلية تعاونية لعقد الاجتماعات السنوية في منطقة آسيا والمحيط الهادئ؛ وأجرت مشاورات ثنائية مع الولايات المتحدة وبريطانيا وألمانيا وغيرها من دول العالم بالإضافة إلى إقامة علاقات تعاونية في شؤون الشرطة مع هذه الدول وإجراء سلسلة من أنشطة إنفاذ القانون معا؛ وأنشأت مع اليابان وكوريا الجنوبية وغيرهما شبكة الإنترنت الآسيوية لجرائم الكمبيوتر (CTINS) لتبادل ديناميات الجرائم السيبرانية في الوقت المناسب وتقاسم تكنولوجيا التحقق في الجرائم السيبرانية وجمع الأدلة ذات الصلة؛ واعتمادا على منظمة شانغهاي للتعاون، قامت بصياغة "خطة عمل للدول الأعضاء في منظمة شانغهاي للتعاون لحماية أمن المعلومات الدولية"، وأنشأت آلية تعاونية للتحقق في الجرائم السيبرانية وجمع الأدلة ذات الصلة. وسيطرح "قانون التعاون الجنائي للقضايا الجنائية الدولية" الذي يكون تحت قيد الإعداد حاليا أحكام محددة للتعاون الدولي في مكافحة الجرائم السيبرانية، هادفا إلى تعزيز كفاءة التعاون الجنائي لمكافحة الجرائم السيبرانية. وخلال فترة عقد الدورة الرابعة للمؤتمر العالمي للإنترنت في ديسمبر عام ٢٠١٧، أقيم لأول مرة منتدى التعاون الدولي لمكافحة الجرائم السيبرانية، الأمر الذي أظهر مرة أخرى اهتمام الصين الكبير بالتعاون الدولي في مكافحة الجرائم السيبرانية.

ثانيا، تولي الصين اهتماما بدور الأمم المتحدة في مكافحة الجرائم السيبرانية، وتدعم أصحاب المصلحة الآخرين للعب دور في مكافحة الجرائم السيبرانية أيضا. ولعبت الأمم المتحدة دورا هاما في التعاون الدولي لمكافحة الجرائم السيبرانية. وظلت الصين تدعم تعزيز التعاون الدولي لمكافحة الجرائم السيبرانية في إطار الأمم المتحدة وخاصة أنها أولت اهتماما كبيرا بأعمال فريق الخبراء الحكوميين للأمم المتحدة المعني بالجرائم السيبرانية. وباعتباره منصة وحيدة في إطار الأمم المتحدة تهدف إلى تعزيز التعاون الدولي لمكافحة الجرائم السيبرانية، حصل فريق الخبراء على تصاريح جديدة في المؤتمر الـ٢٦ للجنة الأمم المتحدة لمنع الجريمة والعدالة الجنائية بفضل جهود جميع الأطراف، وقام بصياغة خطة العمل لفترة ما بين عامي ٢٠١٨ و٢٠٢١، وعبرت الصين عن دعمها، مشيرة إلى أنها ترغب في بذل الجهود مع مختلف الأطراف لبناء فريق الخبراء كمنصة مهمة توفر التوجيهات السياسية وتبادل التجارب وتقاسم المعلومات لقيام مختلف الدول بمكافحة الجرائم السيبرانية وقال مدير قسم القوانين واللوائح التابع لوزارة الخارجية الصينية شيوي هونغ في منتدى "التعاون الدولي في مكافحة الجرائم السيبرانية والإرهاب السيبراني" خلال الدورة الرابعة للمؤتمر العالمي للإنترنت: "تكون مكافحة الجرائم السيبرانية مهمة جدا، ومن أجل تعزيز التعاون الدولي في مكافحة الجرائم السيبرانية، يجب تفعيل دور الشركات والجماعات التقنية والأوساط الأكاديمية ومستخدمي الإنترنت وغيرهم من أصحاب المصلحة."

ثالثا، تنظر الصين بعقلانية في مختلف المبادرات الرامية إلى تعزيز التعاون الدولي لمكافحة الجرائم

السيبرانية. وتكون الدول الأوروبية متقدمة في مكافحة الجرائم السيبرانية من حيث المفاهيم والممارسات. لعبت "اتفاقية بودابست بشأن الجريمة السيبرانية" دورا في تعزيز عملية التعاون الدولي لمكافحة الجرائم السيبرانية. في الوقت نفسه، اعتقدت الصين أنه يجب النظرة بجدية إلى المشاكل الموجودة في هذه الاتفاقية. وباعتبارها اتفاقية صاغتها منظمة إقليمية، أولا، تواجه هذه الاتفاقية مشكلة التمثيلية والشرعية؛ وثانيا، اعتمدت هذه الاتفاقية على نظام القانون العام، لذلك، هناك مشكلة التنسيق مع الدول التي تعتمد على نظام القانون المدني، وخاصة بالنسبة إلى بعض البنود المتعلقة بجمع الأدلة وإنفاذ القانون عبر الحدود، لا تزال لدى مختلف البلدان الآراء المختلفة، وفي الواقع، تواجه ممارسة هذه الاتفاقية عديدا من الصعوبات أيضا. وبالإضافة إلى ذلك، قد مرت نحو ٢٠ سنة على صياغة هذه الاتفاقية، ولا يمكن لبعض محتويات الاتفاقية أن تتكيف مع تطور الوضع الحالي، تكون أشكال الجرائم المنصوص عليها في الاتفاقية غير كاملة. وتكون عملية إنفاذ القانون وفقا للاتفاقية غير فعالة في بعض الأحيان. وفي الوقت نفسه، أجرت المنظمة الاستشارية القانونية الآسيوية – الأفريقية ومنظمة شانغهاي للتعاون وغيرهما من

في ٥ من أغسطس عام ٢٠١٧، نقلت شرطة مقاطعة جيلين ٧٧ من المشتبه بقيامهم بعمليات الاحتيال في مجال الاتصالات عبر الإنترنت من جمهورية فيجي إلى الصين، وهذه هي المرة الأولى التي قامت الصين فيها بنقل دفعة كبيرة من المشتبه بهم في عمليات الاحتيال في مجال الاتصالات عبر الإنترنت من أوقيانوسيا.

المنظمات الإقليمية مناقشات واسعة في مكافحة الجرائم السيبرانية. كما طرحت الحكومة الروسية أيضا مستودة اتفاقية شاملة في مكافحة الجرائم السيبرانية، إن كل هذه المناقشات مفيدة جدا لتعزيز التعاون الدولي لمكافحة الجرائم السيبرانية. ولكن، إن أهم شيء في الوقت الحالي هو التفكير في اتخاذ أي شكل وأي آلية تفضي إلى التنفيذ الحقيقي لمبادرات تعزيز التعاون الدولي لمكافحة الجرائم السيبرانية وإزالة جميع القيود الموجودة في عملية ممارسة هذه المبادرات إلى حد أكبر وتحسين كفاءة مؤسسات تعاونية معنية لتتكيف مع احتياجات الوضع المتغير بشكل أفضل.

الفصل الرابع

اعتبارات الصين الرئيسية عند مشاركتها في الحوكمة
الأمنية الدولية في الفضاء الإلكتروني في المستقبل

طرحت الصين بوضوح تصورا استراتيجيا لبناء دولة قوية سيبرانيا وبناء مجتمع ذي مصير مشترك في الفضاء الإلكتروني، وأصدرت استراتيجيتها الوطنية للأمن السيبراني واستراتيجية التعاون الدولي في الفضاء الإلكتروني. كدولة كبيرة على شبكة الإنترنت، تعمل الصين على الوفاء بمسؤوليتها كقوة كبرى، وتجسيد دور القوة الكبرى، وتعمل مع جميع الأطراف في المجتمع الدولي لتعزيز الحوكمة الدولية للفضاء الإلكتروني، وخاصة استجابة لاهتمامات المجتمع الدولي الأساسية حول تطوير وأمن إدارة الفضاء الإلكتروني. في المستقبل، سوف تتخذ الصين نهجا أكثر نشاطا وتقدم حلا صينيا يدفع الحوكمة الأمنية الدولية في الفضاء الإلكتروني على نحو شامل.

ا . تعزيز إصلاح آلية الحوكمة على أساس احترام السيادة

ظل هناك سوء فهم لدى المجتمع الدولي، وهو التأكيد المفرط على خصوصية "الفضاء الإلكتروني"، وبالتالي يعتقد أن حوكمته قد تجاوزت نطاق الحوكمة الواقعية، وأن نموذج وآلية الحوكمة التقليدية القائمين على أساس الدولة لا جدوى منهما تقريبًا في هذا المجال. ولكن هذا ليس هو الحال. لقد أثبتت الممارسة أن الفضاء الإلكتروني هو جزء مهم من الواقع. وعلى الرغم من أن الفضاء الإلكتروني له خصوصيته الخاصة، وله تأثير كبير على نمط الواقع التقليدي، لكنه لم يصل إلى "نقطة حرجة" أو "نقطة تغير نوعي" تقلّب الحوكمة الواقعية. ولم يشهد النظام الدولي الحالي القائم على التعايش بين الدول ذات السيادة تغييراً جذرياً، فإن حوكمة الفضاء الإلكتروني لا تزال تتبع إلى حد كبير المنطق السياسي الواقعي، ولا تزال تعكس اهتمامات الدول ذات السيادة المتعلقة بتنميتها الوطنية

واستراتيجيتها الدولية في الفضاء الإلكتروني. في الواقع، أثبتت ممارسات تطوير الفضاء الإلكتروني أن حوكمتها الفعالة تتطلب درجة من القوة الملزمة، وعلى الرغم من أن سلطة الدولة قد لا تكون المصدر الوحيد لهذه القوة الملزمة، إلا أنها بالتأكيد مصدر مهم في ظل النظام الدولي الحالي. يعكس مفهوم "سيادة الشبكة" الذي طرحته الصين هذا الواقع بشكل جيد للغاية، ما يعد مساهمة الصين المهمة في مفهوم حوكمة الفضاء الإلكتروني. وبالتالي يجب أن نأخذ هذا المفهوم كدليل ونواصل تنفيذه في السياسات والإجراءات المفصلة للمضي قدماً في إصلاح آلية الحوكمة. كدولة كبيرة سيبرانيا، سوف تتحرك الصين بنشاط لتعكس اهتماماتها السيادية مع مراعاة مطالب الدول الأخرى المعنية بشكل كاف، لحل سوء التفاهم بشكل أفضل وكسب المزيد من الدعم.

٢. الحفاظ على التوازن بين "الانفتاح والحرية" و "الاستقرار والانتظام"

تعتبر البنية الفنية الأساسية لشبكة طرف لطرف (end to end) السبب الجذري لنجاح شبكة الإنترنت وهي قيمة الإنترنت. يجب الحفاظ على البنية الأساسية المفتوحة الموحدة لشبكة الإنترنت في تطوير حوكمتها، ولا يمكن تدمير ترابطها وتواصلها والوصول الشامل إليها لأي سبب، ويعد ذلك مبدأ "الانفتاح والحرية" الذي يجب أن

أقيمت فعاليات "يوم الأمن السيبراني للعاصمة" في قاعة بكين للمعارض في ٢٦ أبريل ٢٠١٨، حيث لم يتضمن المعرض فقط الحوسبة السحابية والبيانات الضخمة وأمن الأجهزة المحمولة وإنترنت الأشياء والذكاء الاصطناعي وغيرها من المجالات الرئيسية لتكنولوجيا الأمن السيبراني فحسب، بل يمتد ليشمل المجالات الناشئة والمتطورة مثل الأمن المالي والرعاية الصحية الذكية والمعيشة الذكية.

تلتزم به حوكمة الإنترنت. من ناحية أخرى، لم يعد بالإمكان تجنب التحديات الأمنية والمشاكل الاجتماعية الناجمة عن اضطراب الفضاء الإلكتروني، ويعتبر ضمان الأمن أولوية لتطوير الإنترنت، وذلك يشكل مبدأ "الاستقرار والانتظام" الذي يجب أن تلتزم به حوكمة الإنترنت. كما قال لورانس ليغز، مؤسس مركز الدراسات الاجتماعية والسيبرانية بجامعة ستانفورد الأمريكية، إن الإنترنت ينتقل من "فضاء لا يمكن تنظيمه" إلى "فضاء ذي درجة عالية من القيود". يجب أن تحافظ حوكمة الإنترنت على التوازن بين تقاليد الحرية والانفتاح وبين الاحتياجات الواقعية للاستقرار والأمن. في الواقع، فإن التطور الحالي لحوكمة الفضاء الإلكتروني قد أثبت بشكل كامل اعتراف الأطراف كافة بهذا التوازن حيث تبذل جهودا لتحقيقه. يجب على الصين أيضًا أن تتمسك بهذا المفهوم وأن تنقل إلى المجتمع الدولي مفاهيم ومقترحات "الانفتاح والحرية" و "الاستقرار والانتظام".

٣. التمسك بمواكبة العصر كاتجاه الحوكمة

من خلال المراجعة المنهجية لممارسات حوكمة الفضاء الإلكتروني، يمكن ملاحظة أن مفهوم وممارسات حوكمة الفضاء الإلكتروني، وخاصة آلية الحوكمة، ليست ثابتة، بل في عملية تعديل مستمرة وفقًا لاحتياجات تطور الوضع لضمان انفتاح ومرونة الآلية. كما قال الأمين العام السابق للأمم المتحدة كوفي عنان في الكلمة الافتتاحية لمنتدى حوكمة الإنترنت، إن حوكمة الإنترنت والحوكمة التقليدية "مختلفان تمامًا في بعض النواحي". تعتقد الصين أنه يجب معاملة أي اقتراحات معقولة ومحاولات مفيدة بشكل صحيح طالما تفضي إلى حوكمة عملية وفعالة للإنترنت. في الوقت الحالي، يتميز اتجاه إصلاح حوكمة الإنترنت بميزة "التنمية التطورية"، وعلى الرغم من أنه ليس "ثوريًا"، إلا أنه إصلاح "شامل". حتى على المستوى الفني، سواء توزيع موارد الشبكة المهمة أو صياغة المعايير التقنية، لا يمكن رفض أي تعديل على الآليات والأنظمة القائمة بحجة أنها لا تزال "فعالة". ستتوافق إصلاحات الحوكمة "التطورية" مع إنشاء المؤسسات وتكامل الموارد والإصلاحات المؤسسية. لذلك، تتطلب زيادة التحسين لآلية الحوكمة محافظة جميع الأطراف المعنية على عقل متفتح لمواصلة اتخاذ القرارات التي تواكب العصر.

٤. الترويج لنمط حوكمة مرن وعملي

لا يوجد نمط حوكمة موحد أو ثابت للفضاء الإلكتروني. على الرغم من أن المجتمع الدولي يقبل عمومًا مصطلح "أصحاب المصلحة المتعددين"، إلا أنه في الواقع مبدأ وليس نمطا. في الحقيقة، تعتبر المصطلحات مثل "أصحاب المصلحة المتعددون" و"التعددية والديمقراطية والشفافية" و"تعدد الأطراف"، مجرد تعبيرات مبدئية عن الانفتاح على

في يونيو ٢٠١٣، عقدت ٢١ شركة صينية للإنترنت منها مجموعة علي بابا وتينسنت وبايدو، أول قمة لأمن معاملات الإنترنت في مدينة هانغتشو، حيث تم تأسيس "لجنة مكافحة الاحتيال على الإنترنت"، لتشكل إطار تعاون استراتيجي للحماية المشتركة لبيئة التجارة الإلكترونية.

الجهات الفاعلة المشاركة، وليس هناك فرق جوهري بينها. لذلك، يتعين على الصين التأكيد على هذه النقطة في وضع المفاهيم ذات الصلة، أي أن الفهم لنمط "أصحاب المصلحة المتعددين"، وخاصة "الجهات الفاعلة القيادية" لا يمكن أن يكون جامدًا، بل يجب فهمه حسب الظروف المعينة، وتطبيقه بشكل مرن وعملي وفقًا للاحتياجات الفعلية. وعلى وجه التحديد، يجب تحديد الجهات الفاعلة المختلفة لتلعب دورا قياديا وفقا للمراحل والمجالات. تشير المراحل إلى اختلاف الأولويات التي تواجهها مراحل تطور الإنترنت المختلفة، واختلاف الجهات الفاعلة الرئيسية التي تلعب دورًا قياديا. حيث سيطر "القطاع الخاص" على المرحلة المبكرة من تطور الإنترنت، ويتطلب الوضع الحالي لحوكمة الإنترنت أن تلعب الحكومة دورًا أكبر. يعتقد الباحث الأمريكي جوزيف ناي أنه على الرغم من أن الإنترنت قد أدى إلى اللامركزية إلى حد ما، إلا أن الحكومة لا تزال الجهة الفاعلة الرئيسية للسياسة الدولية ويجب أن تتحمل مسؤولية حوكمة الأمن السيبراني، إذ أنه في مواجهة موارد الإنترنت المتنامية وتزايد عدد مستخدمي الإنترنت، سيكون "الحكم الذاتي" للإنترنت حتما مهمة مستحيلة. أثبتت مسيرة تطور الإنترنت أن سلطة الحكومة والظروف الجغرافية لا تزال تشكل العوائق الرئيسية، حيث لا تزال شبكة الإنترنت تعتمد بشكل كبير على السلطات القسرية الحكومية، مثل البنية التحتية التي أنشأتها الحكومة، وجهود الحكومة لتعزيز التعليم وحماية حقوق الملكية واتخاذ التدابير ضد جرائم الإنترنت والسيطرة على حجم السوق وتوفير سلع المنفعة العامة. يسهم النمط الذي تقوده الحكومة في تعميم الإنترنت والحماية الأمنية وما إلى

ذلك، وهو حاجة موضوعية في مرحلة معينة من تطور الإنترنت. تشير "المجالات" إلى أن قيادة الحكومة لا تعني ضرورة تدخل الحكومة في جميع شؤون شبكة الإنترنت، وينبغي أن تقود مختلف الجهات مختلف شؤون الحوكمة. على سبيل المثال، يجب أن يتم الحفاظ على تشغيل الشبكة بواسطة المؤسسات الفنية ذات الصلة ويجب أن تتحمل المؤسسات الصناعية، المسؤولية عن تنمية الصناعة. بينما يجب أن تلعب الحكومة دورًا قياديا في أمن الشبكات وصياغة السياسة العامة. على أي حال، فإن تحديد "الجهة القيادية" هو مجرد تقسيم للمسؤوليات، وليس الهيمنة، ويجب أن يضم برنامج صنع القرارات السليم، التشاور والتفاوض بين مختلف الجهات ورقابتها.

٥. تحديد مجالات التركيز للحوكمة الأمنية الدولية للفضاء الإلكتروني في المستقبل

من المتوقع أن تستمر الحوكمة الأمنية الدولية للفضاء الإلكتروني المستقبلية في التركيز على "المشكلات القديمة" و "النقاط الساخنة الجديدة"، كما ينبغي للصين أن تتابع بنشاط هذه القضايا الأمنية المهمة من أجل تحقيق نتائج دقيقة وأقصى وأقصى فعالية للحوكمة الأمنية. بالإضافة إلى صياغة قواعد سلوك الدول التي ظلت لها قوة تأثير كبيرة، يمكن مراعاة أيضا الجوانب التالية:

عقد مؤتمر الإنترنت الصيني البرازيلي في ساو باولو بالبرازيل في ٣٠ مايو ٢٠١٧ بالتوقيت المحلي. حيث أجرى المؤتمر مناقشات متعمقة حول التبادل والتعاون بين الصين والبرازيل في مجال الإنترنت.

عقدت قمة الصين الثالثة لأمن الإنترنت في أغسطس ٢٠١٧ في بكين تحت عنوان "نظام أمن جديد يربط بفرص جديدة". حيث ناقش خبراء الأمن من جميع أنحاء العالم وممثلون من أكثر من ٥٠٠ شركة قضايا مثل الأمن المالي والبيانات الضخمة والأمن السحابي والأمن الذكاء الاصطناعي والأخلاقيات الأمنية والحوكمة وسيادة القانون في مجال الأمن والأجهزة الذكية وأمن إنترنت الأشياء.

(١) بناء القدرات الأمنية السيبرانية. سوف يشهد تطور الإنترنت الدولي توجها نحو الجنوب في المستقبل، حيث يتركز النمو الرئيسي للبنية التحتية للمعلومات في آسيا وإفريقيا وأمريكا الجنوبية. تعلق الصين دائمًا أهمية على مساعدة الدول النامية، فالمساعدة في مجال تطوير الإنترنت كانت دائمًا اتجاه جهود الصين، وخاصة بعد طرح "مبادرة الحزام والطريق"، تتطور ممارسة بناء "طريق الحرير الرقمي" بسرعة وستساهم مساعدة الدول المعنية على تعزيز بناء البنية التحتية للإنترنت وتحسين الأمن التشغيلي، في الارتقاء بالمستوى العام للأمن في الفضاء الإلكتروني.

(٢) الاستجابة الأمنية للتقنيات والتطبيقات الجديدة. في السنوات الأخيرة، أثارت المشكلات الأمنية الناشئة عن التقنيات الجديدة مثل الذكاء الاصطناعي والبيانات الضخمة وإنترنت الأشياء وسلسلة الكتل قلقًا واسع النطاق في المجتمع الدولي، وينبغي للصين أن تحول تفوقها التكنولوجية والتطبيقية في هذه المجالات إلى القدرة على حماية الأمن وصياغة القواعد المعنية، مما يسهم في معالجة وحل المشاكل الأمنية للتقنيات والتطبيقات الجديدة.

(٣) قواعد سلوك الجهات الفاعلة من غير الدول. فيما يخص وضع قواعد السلوك، لقد ظهرت عملية متفق عليها دوليا لدفع أعمال صياغة قواعد سلوك الدول، لكن تأخر تحرك المجتمع الدولي فيما يتعلق بقواعد سلوك الجهات الفاعلة من غير الدول. على سبيل المثال، هناك توافق دولي واسع حول مكافحة الجريمة الإلكترونية والإرهاب السيبراني وغيره من القضايا التي لا تنطوي على النزاعات الأيديولوجية في معظم الحالات، فهي تتمتع بإمكانات كبيرة للتعاون والتنمية الدوليين، ولكن من الصعب ترجمتها على أرض الواقع خلال الممارسة العملية. ويرجع السبب بشكل أساسي إلى صعوبة تنسيق القوانين والسياسات وآليات الحوكمة للدول المختلفة، ما يشكل عقبات لتشكيل آلية تعاون دولية فعالة وانخفاض الفعالية بسبب الاعتماد على إطار المساعدة القضائية الثنائية. لذا يجب أن تكون هذه المشكلة محل اهتمام في أعمال الحوكمة الأمنية المستقبلية، وذلك لتحقيق التغطية الكاملة لقواعد سلوك الجهات الفاعلة في الفضاء الإلكتروني.

التصميم على المستوى الأعلى لنظام الأمـن السيبراني الصيني

في مواجهة الوضع الأمني الدولي المعقد والتحديات الشديدة التي يتعرض الأمن السيبراني لها، رفعت الصين مستوى أمن شبكة المعلومات إلى المستوى الاستراتيجي الوطني، وقامت بالتصميم والتخطيط على المستوى الأعلى لأمن شبكة المعلومات الوطني بشكل جيد؛ ولخصت مزايا وعيوب بنية شبكة الإنترنت الحالية، واتجاهات تطويرها المستقبلية، واستنادا إلى الابتكار المستقل، عملت على إنشاء جيل جديد من شبكة الإنترنت الآمنة والقابلة للتحكم؛ وللتعامل مع تحديات جديدة للأمن السيبراني، قامت باكتشاف مخاطر الأمان بشكل شامل، وتلخيص قضايا الأمان الرئيسية وتحليلها، والتركيز على حل المشكلات السيبرانية من خلال التكنولوجيا و الإدارة و القوانين في أقرب وقت ممكن.

الفصل الأول
مفهوم صحيح للأمن السيبراني

إن الأفكار تقرر الإجراءات، وإن الأفكار الصحيحة تحدد الإجراءات الصحيحة. وأشار الأمين العام شي جين بينغ إلى أنه من الضروري إنشاء مفهوم صحيح للأمن السيبراني: إن الأمن السيبراني كلي وليس مجزأ، وإن الأمن السيبراني ديناميكي وليس ثابتا، وإن الأمن السيبراني مفتوح وليس مغلقا، وإن الأمن السيبراني نسبي وليس مطلقا، وإن الأمن السيبراني مشترك وليس منفصلا. ويعد هذا المفهوم مفهوما أساسيا لحفاظ الصين على الأمن السيبراني، ويعد أسلوبا تستند الصين إليه لممارسة حماية الأمن السيبراني.

١. يعد الأمن السيبراني كليا، وليس مجزأ

في عصر المعلومات، يكون الأمن السيبراني مهما جدا للأمن القومي، ويرتبط ارتباطا وثيقا بالأمن في عديد من المجالات. ولعب التطور السريع للمعلوماتية والعولمة دورا هاما في خلق عالم مستقبلي "تتحكم فيه شبكة الإنترنت في كل شيء". وأدى النمو السريع للفضاء الإلكتروني إلى ظهور قاعدة مفادها "من يسيطر على الفضاء الإلكتروني يتحكم في كل شيء" وستكون القضايا الأمنية في مختلف المجالات، بما في ذلك المجالات السياسية والاقتصادية والثقافية والاجتماعية والعسكرية، مرتبطة بشكل وثيق بقضايا أمن الفضاء الإلكتروني. وإن إمكانية اندلاع "الثورات الملونة" في المجال السياسي وانتشار الهجمات السيبرانية في المجال الاقتصادي على نحو متزائد وحدوث الجرائم السيبرانية في المجال الاجتماعي بشكل متكرر وتحول أساليب القتال في المجال العسكري بشكل سريع، يعد كلها تأثيرات أمن الفضاء الإلكتروني على المجالات التقليدية. وتفهم الصين أمن الفضاء الإلكتروني من

منظور استراتيجية الأمن القومي، وتعتبر أمن الفضاء الإلكتروني جزءا لا يتجزأ من مفهوم الأمن القومي الشامل، بدلا من فصله عن الأمن في المجالات الأخرى.

٢. يعد الأمن السيبراني ديناميكيا وليس ثابتا

في العصر الذي شهد تطبيق التقنيات الناشئة على نطاق واسع مثل الحوسبة السحابية والبيانات الضخمة والإنترنت عبر الهاتف المحمول، أصبحت الشبكات التي كانت منتشرة بشكل منفصل في الماضي مترابطة ومتشابكة للغاية، وأصبحت حدود الأنظمة المختلفة غير واضحة تدريجيا. وفي الوقت نفسه، تغيرت مصادر تهديدات الأمن السيبراني وأساليب الهجمات الإلكترونية باستمرار، وتحولت الهجمات السيبرانية من الهجمات التقليدية التي تشمل إرسال البريد المزعج وهجمات التصيد إلى الهجمات الإلكترونية الدقيقة والمستمرة والمعقدة. أساليب الحماية التقليدية الثابتة والأحادية صعبة المناسبة ولا يمكن الاعتماد على تركيب بعض الأجهزة الأمنية وبرامج الأمن فقط لحماية أمن الإنترنت بشكل شامل. ومن أجل الوقاية من مخاطر الأمن السيبراني المتغيرة بشكل فعال، يجب تشكيل مفهوم حماية ديناميكي وشامل وتجنب التعامل مع المخاطر الأمنية السيبرانية بشكل منفصل، وبالإضافة إلى ذلك،

في ١١ من يناير عام ٢٠١٦، اجتمع ١٠٠ من المتطوعين البارزين من جميع أنحاء البلاد في مدينة هانغتشو للاحتفال بتشكيل تحالف المتطوعين لحماية أمن شبكة الإنترنت.

يجب متابعة الوضع الأمني للفضاء الإلكتروني عن كثب وترقية نظام الحماية في الوقت المناسب وتحسين القدرات على حماية الأمن السيبراني باستمرار.

٣. يعد الأمن السيبراني مفتوحا وليس مغلقا

أسهمت شبكة الإنترنت في تحويل العالم إلى قرية عالمية، ودفع المجتمع الدولي ليصبح مجتمعا ذي مصير مشترك على نحو متزائد. لن يشهد مستوى الأمن السيبراني ترقية مستمرة إلا من خلال خلق بيئة مفتوحة وتعزيز التبادل والتعاون والتفاعل والتنافس مع الخارج واستقطاب التقنيات المتقدمة وإن الخيار الصحيح هو الانفتاح، ولا يمكن السعى إلى تحقيق التنمية في ظل الاعتماد على الذات فقط. ويجب تعلم التقنيات المتقدمة بدلا من إغلاق الباب المفتوح. ومن أجل حماية الأمن السيبراني الوطني، يجب تشكيل رؤية عالمية وموقف مفتوح، واغتنام الفرص التاريخية التي جلبتها ثورة التكنولوجيا الناشئة والاستفادة من إمكانات تطور الفضاء الإلكتروني إلى أقصى حد ولا يمكن للصين إغلاق باب الانفتاح، ولن تغلق الصين باب الانفتاح أبدا.

٤. يعد الأمن السيبراني نسبيا وليس مطلقا

إن الأمن السيبراني ليس مطلقا، بل يكون نسبيا. ويجب حماية الأمن السيبراني وفقا للظروف الوطنية الأساسية وتجنب السعى إلى الأمن السيبراني المطلق بغض النظر عن التكاليف، لأن هذا لا يجلب عبئا ثقيلا فحسب، بل قد يؤدي إلى نتائج معاكسة. ويجب علينا إدراك بوضوح التهديدات التي نواجهها ومعرفة ما هي التهديدات المحتملة وما هي التهديدات الواقعية وما هي التهديدات التي يمكنها التحول إلى الهجمات الحقيقية وما هي التهديدات التي يمكن حلها من خلال الوسائل الدبلوماسية والسياسية والاقتصادية وما هي التهديدات التي يجب مراقبتها عن كثب وما هي التهديدات التي يجب محافحتها بعزم وما هي التهديدات التي قد تؤدي إلى أضرار لا يعوض عنها وما هي الخسائر التي يمكن تحملها لتقليل الدفاع المفرط عن الأمن السيبراني بغض النظر عن التكلفة

٥. يعد الأمن السيبراني مشتركا وليس منفصلا

يكون الأمن السيبراني صالحا لأبناء الشعب، ويعتمد الأمن السيبراني على أبناء الشعب، وتعد حماية الأمن السيبراني مسؤولية مشتركة للمجتمع بأسره. ومن الضروري أن تشارك الحكومة والمؤسسات والمنظمات الاجتماعية

ومستخدمو الإنترنت في بناء خط دفاعي عن الأمن السيبراني. وتكون شبكة الإنترنت مترابطة عالميا ويمكن لهجوم إلكتروني واحد تدمير شبكة الإنترنت كلها. وإذا كانت نقطة واحدة في شبكة الإنترنت غير آمنة، فستكون شبكة الإنترنت كلها غير آمنة. وسواء الأجهزة الحكومية المركزية أو الدوائر الحكومية المحلية، وسواء الدائرات الحكومية أو الشركات غير الربحية، يجب عليها بذل الجهود وأداء الواجبات لحماية الأمن السيبراني الوطني. ويجب على الدائرات الحكومية التركيز على التصميم على المستوى الأعلى بشكل جيد وإكمال السياسات والقوانين وتحسين بيئة تطور شبكة الإنترنت؛ ويجب على الشركات لعب دور رئيسي في حماية الأمن السيبراني وقيادة التنمية المبتكرة لتكنولوجيا الأمن السيبراني؛ ويجب على أبناء الشعب تعزيز الوعي بحماية الأمن السيبراني وإتقان المهارات اللازمة للوقاية من مخاطر الأمن السيبراني. لا يمكن تحقيق حماية الأمن السيبراني الوطني إلا بفضل الجهود المشتركة من الأطراف المختلفة.

الفصل الثاني
تعزيز الدور القيادي للتخطيطات والاستراتيجيات

في مواجهة الوضع العام الذي أصبح فيه الأمن السيبراني أكثر تعقدا، تثابر الصين على إجراء التخطيط أولا. وفي يوليو عام ٢٠١٦، أصدرت الصين "الخطوط العريضة للاستراتيجية الوطنية لتطوير المعلوماتية" التي تنص على أنه من الضروري الالتزام باستراتيجية الدفاع النشط والاستجابة الفعالة، وتعزيز القدرات على الدفاع عن الأمن السيبراني والقدرات على الردع، والحفاظ على سيادة شبكة الإنترنت والأمن القومي، وتعزيز حماية أمن البنية التحتية الحيوية للمعلومات الرئيسية، وتعزيز الأعمال الأساسية للأمن السيبراني. وأصدرت إدارة الفضاء الإلكتروني الصينية في ديسمبر عام ٢٠١٦ "الاستراتيجية الوطنية لأمن الفضاء الإلكتروني" التي تعد وثيقة منهجية لإرشاد أعمال حماية الأمن السيبراني الوطني. واقترحت الاستراتيجية على أخذ مفهوم الأمن القومي العام كإرشاد وتنسيق قضيتي التنمية والأمن وتعزيز السلام والأمن والانفتاح والتعاون للفضاء الإلكتروني، كما حددت المبادئ الأربعة والمهام الاستراتيجية التسع للأمن السيبراني في الصين. وفي والانتظام ديسمبر عام ٢٠١٦، نشر مجلس الدولة الصيني "خطة المعلوماتية الوطنية خلال فترة الخطة الخمسية الثالثة عشرة"، تنص على إيلاء اهتمام بالأمن والتنمية معا وأخذ "تحسين نظام لضمان الأمن السيبراني" كمهمة هامة، وطرحت "تعزيز التصميم على المستوى الأعلى للأمن السيبراني وبناء نظام لحماية أمن البنية التحتية الحيوية للمعلومات الرئيسية ومعرفة وضع الأمن السيبراني في جميع الأحوال وفي أي وقت وتعزيز القدرات على الابتكار في الأمن السيبراني" وغيرها من المهام والمشروعات الكبيرة.

أ. الحكم الاستراتيجي على الفرص والتحديات في الفضاء الإلكتروني

أدركت الحكومة الصينية إدراكا واضحا أن المعلوماتية جلبت فرصا نادرة للأمة الصينية ويجب اغتنام الفرصة التاريخية لتطور المعلوماتية. وأشارت "الاستراتيجية الوطنية لأمن الفضاء الإلكتروني" إلى أن الفضاء الإلكتروني يغير أساليب إنتاج وحياة الناس في الوقت الحالي ويؤثر تأثيرا عميقا على عملية التطور التاريخي للمجتمع البشري ويصبح وسيلة جديدة لنشر المعلومات ومساحة جديدة للإنتاج والحياة ومحركا جديدا للتنمية الاقتصادية وحاملا جديدا للازدهار الثقافي ومنصة جديدة للحوكمة الاجتماعية ورابطا جديدا للتبادل والتعاون ومنطقة جديدة للسيادة الوطنية.

في حين لعب دور مهم في تعزيز التنمية الاقتصادية والتقدم الاجتماعي، جلب الفضاء الإلكتروني أيضا مخاطر وتحديات أمنية جديدة. وعلى هذا الصدد، طرحت "الاستراتيجية الوطنية لأمن الفضاء الإلكتروني" الحكم فيما يلي: يضر تغلغل شبكة الإنترنت بالأمن السياسي، وتقوض المعلومات الضارة في شبكة الإنترنت الأمن الثقافي،

انطلقت أنشطة يوم الشباب لفعاليات أسبوع رعاية الأمن السيبراني الوطني عام ٢٠١٧ في متحف شنغهاي للعلوم والتكنولوجيا في ٢٣ من سبتمبر عام ٢٠١٧.

ويقوض الإرهاب والجرائم الأمن الاجتماعي، ومازالت المنافسة الدولية في الفضاء الإلكتروني في التشدد.

لكن في الفضاء الإلكتروني، تكون الفرص أكثر من التحديات. وتلتزم الصين بمبادئ الاستخدام النشط والتطور العلمي والإدارة وفقا للقانون لضمان الأمن السيبراني، وتعمل على حماية الأمن السيبراني بحزم والاستفادة من إمكانات تطور الفضاء الإلكتروني إلى أقصى حد لجعل الفضاء الإلكتروني يفيد أكثر من ١٫٣ مليار صيني ويفيد البشرية جمعاء وتحافظ على السلام العالمي بقوة.

٢. الأهداف الاستراتيجية للأمن السيبراني

تتمثل الأهداف الاستراتيجية للأمن السيبراني الصيني في: أخذ مفهوم الأمن القومي العام كإرشاد، والتمسك بمفهوم التنمية المبتكرة والمنسقة والصديقة للبيئة والمنفتحة والمتقاسمة، وتعزيز الوعي بالمخاطر والوعي بالأزمات، وتنسيق الوضعين المحلي والدولي، وتنسيق قضيتي التنمية والأمن، والوقاية بنشط والتعامل الفعال لتعزيز السلام والأمن والانفتاح والتعاون والانتظام للفضاء الإلكتروني والحفاظ على سيادة وأمن الوطن ومصالح تنميتها وتحقيق الهدف الاستراتيجي المتمثل في بناء دولة قوية في مجال شبكة الإنترنت.

السلام: تم كبح إساءة استخدام تكنولوجيا المعلومات بشكل فعال، وتم التحكم الفعال في الأنشطة التي تهدد السلام الدولي مثل سباقات التسلح عبر الإنترنت، وتم منع النزاعات على الفضاء الإلكتروني بشكل فعال.

الأمن: تم التحكم في مخاطر الأمن السيبراني بشكل فعال، وتم تحسين نظام حماية الأمن السيبراني الوطني وأصبحت المعدات التكنولوجية الأساسية آمنة وتحت السيطرة وأصبح أداء أنظمة الشبكة والمعلومات مستقرا وموثوقا. وتحسنت قدرات مواهب الأمن السيبراني تحسنا كبيرا، وازداد وعي المجتمع بالأمن السيبراني وتحسنت مهاراته للوقاية من مخاطر الأمن السيبراني وارتفعت ثقته باستخدام شبكة الإنترنت بشكل كبير.

الانفتاح: تكون معايير وسياسات وأسواق تكنولوجيا المعلومات مفتوحة وشفافة، وأصبح تداول المنتجات ونشر المعلومات أكثر سلاسة، وأصبحت الفجوة الرقمية أصغر تدريجيا. ويمكن للبلدان في جميع أنحاء العالم، سواء أ كانت كبيرة أم صغيرة، قوية أم ضعيفة، فقير أم غنية، تقاسم فرص التنمية وتقاسم إنجازات التنمية والمشاركة في حوكمة الفضاء الإلكتروني بشكل عادل.

التعاون: عملت دول العالم على تعزيز التعاون في مجالات التبادلات التقنية ومكافحة الإرهاب السيبراني والجرائم الإلكترونية، وتم تشكيل وتحسين النظام الدولي المتعدد الأطراف والديمقراطي والشفاف لإدارة شبكة الإنترنت، وتم تشكيل مجتمع ذو مصير مشترك ويكون التعاون والفوز المشترك نواته في مجال شبكة الإنترنت

تدريجيا.

الانتظام: تكون حقوق الجماهير في المعرفة والمشاركة والتعبير والرقابة في الفضاء الإلكتروني محمية بالكامل، والخصوصية الفردية في الفضاء الإلكتروني محمية بشكل فعال، وحقوق الإنسان محترمة تماما. وقد تمت صياغة الأنظمة والمعايير والقواعد للقوانين المحلية والدولية حول الفضاء الإلكتروني تدريجيا، وتحققت الحوكمة الفعالة في الفضاء الإلكتروني وأصبحت بيئة شبكة الإنترنت نزيهة ومتحضرة وصحية، وتحقق التنسيق بين نشر المعلومات بشكل حر وحماية الأمن القومي والمصالح العامة.

٣. المبادئ

طرحت الصين المبادئ التالية لحماية أمن الفضاء الإلكتروني العالمي:

أولا، احترام سيادة الفضاء الإلكتروني والحفاظ عليها. ولا يمكن انتهاك سيادة الفضاء الإلكتروني، ويجب احترام حق البلدان المختلفة في اختيار مسار التنمية الخاص بها ونموذج إدارة شبكة الإنترنت والسياسات العامة لشبكة الإنترنت والمشاركة المتساوية في الحوكمة الدولية للفضاء الإلكتروني. وتقع مسؤولية إدارة شؤون شبكة الإنترنت داخل سيادة كل دولة على عاتق أبناء شعب هذه الدولة، ولجميع البلدان االحق في صياغة القوانين واللوائح المتعلقة بالفضاء الإلكتروني وفقا لظروفها الوطنية والاستفادة من الخبرات الدولية، واتخاذ التدابير اللازمة لإدارة نظم المعلومات وأنشطة الشبكات داخل أراضيها. ويحق لجميع الدول في حماية أنظمة المعلومات المحلية وموارد المعلومات لتجنب التدخل والهجمات والتدمير، وضمان الحقوق والمصالح المشروعة للمواطنين في الفضاء الإلكتروني ومنع انتشار المعلومات الضارة التي تهدد الأمن والمصالح الوطنية على شبكة الإنترنت المحلية ومعاقبة الجناة والحفاظ على نظام الفضاء الإلكتروني. ويجب على جميع الدول عدم المشاركة في الهيمنة الإلكترونية وصياغة المعايير المزدوجة، والتدخل في الشؤون الداخلية للبلدان الأخرى باستخدام شبكة الإنترنت، وإجراء وسمح ودعم الأنشطة السيبرانية التي تضر بالأمن القومي للبلدان الأخرى.

ثانيا، الاستخدام السلمي للفضاء الإلكتروني. وإن الاستخدام السلمي للفضاء الإلكتروني هو يفضي إلى المصالح المشتركة للبشرية جمعاء. ويجب أن تلتزم جميع الدول بمبادئ "ميثاق الأمم المتحدة" المتمثلة في عدم استخدام القوة أو التهديد باستخدامها، ومنع استخدام تكنولوجيا المعلومات للغرض غير الصالح للحفاظ على الأمن والاستقرار الدوليين، ومقاومة سباق التسلح في الفضاء الإلكتروني بشكل مشترك والوقاية من وقوع الصراعات في الفضاء الإلكتروني. ويجب على جميع البلدان التمسك بالاحترام المتبادل، والتعامل مع الآخرين على قدم المساواة،

والبحث عن أرضية مشتركة مع الاحتفاظ بالاختلافات، واحتضان الثقة المتبادلة، واحترام المصالح الأمنية والمخاوف الرئيسية لبعضهم البعض في الفضاء الإلكتروني، وتعزيز بناء عالم سيبراني متناغم. ويجب معارضة السيطرة على شبكة الإنترنت وأنظمة المعلومات للبلدان الأخرى وجمع وسرقة البيانات من البلدان الأخرى بحجة الأمن القومي اعتمادا على التفوق التكنولوجي، كما يجب عدم السعي إلى تحقيق الأمن المطلق على حساب أمن البلدان الأخرى.

ثالثا، إدارة الفضاء الإلكتروني وفقا للقانون. ويجب تعزيز سيادة القانون في الفضاء الإلكتروني بشكل شامل، والالتزام بإدارة شبكة الإنترنت وإنشاء المواقع الإلكترونية وزيارة شبكة الإنترنت وفقا للقوانين، بحيث يمكن للإنترنت أن تعمل بشكل صحي وشرعي. وينبغي إنشاء نظام جيد لشبكة الإنترنت، وحماية تنقل معلومات الفضاء الإلكتروني بشكل قانوني ومنظم وحر، وحماية الخصوصية الشخصية، وحماية حقوق الملكية الفكرية. ويجب على أي منظمة أو فرد الالتزام بالقانون واحترام حقوق الآخرين وتحمل المسؤولية عن أقوالهم وأفعالهم على شبكة الإنترنت في حين التمتع بالحرية وممارسة الحقوق في الفضاء الإلكتروني.

رابعا، تنسيق أمن وتطور شبكة الإنترنت. وبدون الأمن السيبراني، لا يوجد أمن قومي، وبدون المعلوماتية، لن يكون هناك التحديث. ويكون الأمن السيبراني والمعلوماتية مترابطين بشكل عميق. ومن أجل التعامل بشكل صحيح مع العلاقة بين التطور والأمن، يجب الالتزام بمبدأ تعزيز التطور على أساس الأمن، وتعزيز الأمن من خلال التطور. ويكون الأمن شرطا أساسيا للتطور، وإن أي تطور على حساب الأمن يصعب الحفاظ عليه. ويعد التطور أساسا للأمن أيضا، وإن عدم التطور هو أكبر انعدام أمن، وبدون تطور المعلوماتية، لا يمكن حماية الأمن السيبراني، وقد يفقد الأمان القائم أيضا.

٤. المهام الاستراتيجية

تحتل الصين المرتبة الأولى من حيث عدد مستخدمي الإنترنت وحجم شبكة الإنترنت. وإن الحفاظ على الأمن السيبراني ليس ضروريا للصين فحسب، بل يكون مهما جدا لحماية أمن الشبكات العالمي وحتى السلام العالمي. وحددت "الاستراتيجية الوطنية لأمن الفضاء الإلكتروني" المهام الاستراتيجية التالية:

أولا، الدفاع بقوة عن سيادة الفضاء الإلكتروني. إدارة أنشطة شبكة الإنترنت ضمن نطاق سيادة الصين وفقا للدستور والقوانين واللوائح المعنية، وحماية أمن مرافق المعلومات وموارد المعلومات، واتخاذ جميع التدابير الاقتصادية والإدارية والعلمية والقانونية والدبلوماسية والعسكرية لحماية سيادة الفضاء الإلكتروني للصين. ومعارضة بحزم جميع التصرفات التي تقوض سياسات الصين وتقوض السيادة الوطنية للصين باستغلال شبكة

الإنترنت.

ثانيا، حماية الأمن القومي بحزم. وقاية ومنع ومعاقبة وفقا للقوانين جميع التصرفات التي تهدف إلى إجراء الخيانة أو انفصال البلاد أو تحرض على التمرد والانقلاب أو تحرض على تخريب دكتاتورية الشعب الديمقراطية باستخدام شبكة الإنترنت؛ وقاية ومنع ومعاقبة وفقا للقوانين سرقة أو الكشف عن أسرار الدولة وغيرها من التصرفات التي تهدد الأمن القومي؛ وقاية ومنع ومعاقبة وفقا للقوانين أنشطة التسلل والتخريب والانفصال من قبل القوات الأجنبية باستخدام شبكة الإنترنت.

ثالثا، حماية البنية التحتية الحيوية للمعلومات الرئيسية. واتخاذ جميع التدابير اللازمة لوقاية البنية التحتية الحيوية للمعلومات الرئيسية وبياناتها المهمة من الهجوم والتدمير. والالتزام بإيلاء اهتمام بالتكنولوجيا والإدارة معا وبالحماية والردع معا، والتركيز على الكشف والوقاية والاختبار والإنذار المبكر والاستجابة والمعالجة وغيرها من الحلقات المختلفة وإنشاء نظام حماية أمن البنية التحتية الحيوية للمعلومات الرئيسية وزيادة الاستثمار في الإدارة والتكنولوجيا والمواهب والأموال وتنفيذ السياسات وفقا للقوانين من أجل تعزيز قوة الحماية لأمن البنية التحتية

انعقد في ٤ من ديسمبر عام ٢٠١٧ منتدى "حماية المستقبل: حماية القصر على شبكة الإنترنت" في الدورة الرابعة للمؤتمر العالمي للإنترنت في ووتشن بمقاطعة تشجيانغ لمناقشة القضايا مثل تعزيز عملية التشريعات لحماية القصر على شبكة الإنترنت.

الحيوية للمعلومات الرئيسية.

رابعا، تعزيز بناء الثقافة السيبرانية. وتعزيز بناء المواقف الأيديولوجية والثقافية على الإنترنت، وتعزيز وممارسة القيم الأساسية للاشتراكية بقوة، وتنفيذ مشاريع بناء محتويات شبكة الإنترنت، وتطوير الثقافة الإيجابية لشبكة الإنترنت. وتعزيز بناء أخلاقيات شبكة الإنترنت وبناء حضارة شبكة الإنترنت، وتفعيل دور قيادي للتربية الأخلاقية، واستخدام الإنجازات الممتازة للحضارة الإنسانية لتغذية الفضاء السيبراني وإصلاح بيئة شبكة الإنترنت.

وتحسين أدب الشباب في حضارة شبكة الإنترنت وتعزيز حماية القاصرين في حين زيارة شبكة الإنترنت.

خامسا، مكافحة الإرهاب السيبراني والجرائم على شبكة الإنترنت. وتعزيز بناء القدرات على مكافحة الإرهاب والتجسس وسرقة الأسرار على شبكة الإنترنت، ومحاربة بشدة أنشطة الإرهاب السيبراني والتجسس الإلكتروني. والالتزام بالحوكمة الشاملة والتحكم في مصادر الجرائم والوقاية من الجرائم الإلكترونية وقمع بشدة الأنشطة غير القانونية مثل الاحتيال المالي الإلكتروني والسرقة الإلكترونية والاتجار بالمخدرات والأسلحة وانتهاك البيانات الشخصية للمواطنين ونشر المواد الإباحية الفاحشة وهجوم القرصنة وانتهاك حقوق الملكية الفكرية.

أتت شرطة الإنترنت التابعة لمكتب الأمن العام لمدينة قوانغ آن بمقاطعة سيتشوان إلى المدارس الابتدائية المحلية للقيام بأنشطة رعاية "الأمن السيبراني"، ودعت التلاميذ إلى الحفاظ على الأدب والأمن في حين زيارة شبكة الإنترنت.

سادسا، تحسين نظام حوكمة شبكة الإنترنت. التمسك بإدارة شبكة الإنترنت ومعالجة شؤون الإنترنت وفقا للقانون وبشكل مفتوح وشفاف، ويجب صياغة القوانين التي يمكن إتباعها في الفضاء الإلكتروني، ويجب إتباع القوانين في حالة وجودها ويجب إنفاذ القانون بشكل صارم، ويجب التحقيق في حالات انتهاك القوانين. و تحسين نظام القوانين واللوائح للأمن السيبراني وتحسين الأنظمة المتعلقة بالأمن السيبراني، وتحسين المستوى العلمي والمعياري لإدارة الأمن السيبراني وتسريع عملية إنشاء نظام حوكمة الإنترنت الذي يجمع بين القواعد القانونية والرقابة الإدارية والانضباط الذاتي للصناعات والدعم الفني والرقابة العامة والتربية الاجتماعية، وتعزيز حماية أسرار الاتصالات وحرية التعبير والأسرار التجارية وحقوق السمعة وحقوق الملكية وغيرها من الحقوق والمصالح المشروعة في الفضاء الإلكتروني.

سابعا، تعزيز أساس الأمن السيبراني. و الالتزام بتعزيز التنمية المبنية على الابتكار وخلق بنشاط بيئة سياسية مواتية للابتكار التكنولوجي وتنسيق الموارد والقوة وتحقيق اختراقات في التقنيات الأساسية في أقرب وقت ممكن. و بناء وتحسين نظام دعم تقني للأمن السيبراني الوطني وتعميق البحوث في النظرية الأساسية والقضايا الرئيسية للأمن السيبراني. و أداء الأعمال الأساسية بشكل جيد مثل أعمال الحماية على مختلف المستويات وتقييم المخاطر واكتشاف الثغرات الأمنية وتحسين آلية إنذار مبكر للأمن السيبراني وآلية استجابة على حوادث الطوارئ السيبرانية الكبرى. و تنفيذ مشروعات إعداد مواهب الأمن السيبراني وتعزيز بناء التخصصات الأكاديمية للأمن السيبراني وبناء معاهد وجامعات ومجمعات ابتكارية من الدرجة الأولى في مجال الأمن السيبراني. وتنظيم فعاليات أسبوع رعاية الأمن السيبراني بشكل جيد وتعزيز التعليم والدعاية للأمن السيبراني بين أبناء الشعب في جميع أنحاء البلاد.

ثامنا، تحسين القدرة على الدفاع عن أمن الفضاء الإلكتروني. وإن الفضاء الإلكتروني هو محتوى جديد للسيادة الوطنية. و بناء قدرة الدفاع عن أمن الفضاء الإلكتروني التي تتناسب مع مكانة الصين الدولية وتتكيف مع متطلبات الدولة القوية في مجال شبكة الإنترنت، و تطوير بقوة أساليب الدفاع عن الأمن السيبراني واكتشاف ومقاومة حالات التدخل السيبراني الأجنبي في الوقت المناسب وبناء دعم قوي للحفاظ على الأمن السيبراني الوطني.

تاسعا، تعزيز التعاون الدولي في الفضاء الإلكتروني. على أساس الاحترام المتبادل والثقة المتبادلة، تعزيز الحوار والتعاون في مجال الفضاء الإلكتروني الدولي وتعزيز إصلاح نظام الحوكمة العالمية لشبكة الإنترنت. دعم الأمم المتحدة للعب دور قيادي في تعزيز صياغة القواعد الدولية المقبولة من قبل جميع الأطراف بشأن

الفضاء السيبراني واتفاقيات مكافحة الإرهاب الدولية للفضاء الإلكتروني وإنشاء آليات المساعدة القضائية السليمة ضد الجرائم السيبرانية وتعميق التعاون الدولي في مجالات السياسات والقوانين والابتكار التكنولوجي والقواعد المعيارية والاستجابة لحالات الطوارئ وحماية البنية التحتية الحيوية للمعلومات الرئيسية. تعزيز الدعم لتعميم تكنولوجيا الإنترنت وبناء البنية التحتية في الدول النامية والمناطق المتخلفة وبذل الجهود للسعي إلى سد الفجوة الرقمية.

الفصل الثالث

إنشاء وتحسين النظام القانوني للأمن السيبراني

لسيت شبكة الإنترنت مكانا لا يلزم فيه القانون. وإن استخدام شبكة الإنترنت للدعوة إلى الإطاحة بسلطة الدولة، والتحريض على التطرف الديني، وتشجيع الأفكار القومية الانفصالية، والتحريض على الأنشطة الإرهابية العنيفة وما إلى ذلك، يجب وقفها ومكافحتها بحزم، ويجب ألا يُسمح بانتشارها. وإن استخدام شبكة الإنترنت لإجراء أنشطة الاحتيال المالي وتوزيع المواد الإباحية، والقيام بهجمات شخصية، وبيع المواد غير القانونية وما إلى ذلك، يجب أيضا التحكم فيها بقوة، ويجب ألا يُسمح لها بالانتشار. ولن يسمح أي بلد بانتشار هذة التصرفات.

من أجل تسريع عملية التشريعات للفضاء الإلكتروني، وتحسين تدابير الرقابة القانونية وحل مخاطر شبكة الإنترنت، عملت الصين على صياغة القانون الأساسي في مجال الأمن السيبراني – "قانون الأمن السيبراني"، بناء على هذا القانون، قامت الصين بتحسين القوانين واللوائح المعنية لحماية الأمن السيبراني باستمرار وتعزيز قوة إنفاذ القوانين المتعلقة بالأمن السيبراني وإنشاء النظام القانوني ذي الخصائص الصينية في مجال الأمن السيبراني.

١. إصدار "قانون الأمن السيبراني" وتشكيل إطار قانوني أساسي

في السنوات الأخيرة، وضعت الإدارات المختلفة في الصين لوائح الإدارات والوثائق المعيارية المتعلقة بالأمن السيبراني، كما أصدر المجلس الوطني لنواب الشعب الصيني ومجلس الدولة الصيني القوانين والقرارات واللوائح الإدارية المتعلقة بالأمن السيبراني أيضا، مما أرسى أساسا لإجراء أعمال التشريعات في مجال الأمن السيبراني

منذ أول يونيو عام ٢٠١٧، بدأ تطبيق "قانون الأمن السيبراني لجمهورية الصين الشعبية" رسميا. وباعتباره أول قانون أساسي في مجال شبكة الإنترنت في الصين، ينص "قانون الأمن السيبراني" بوضوح على تعزيز حماية البيانات الشخصية ومحاربة عمليات الاحتيال المالي عبر الإنترنت والتركيز على حماية البنية التحتية الحيوية للمعلومات الرئيسية.

ووفر أساسا قانونيا قويا لتنظيم وحماية التطور الصحي والمنظم لبناء المعلوماتية في الصين وفقا للقانون. ولكن بشكل عام، مازالت أعمال التشريعات للأمن السيبراني في الصين تواجه بعض المشاكل مثل الهيكل غير المعقول وعدم كفاية التخطيط وعدم التنسيق وعدم كفاية حماية حقوق المواطنين ومصالحهم.

لذلك، أصدرت الصين "قانون الأمن السيبراني" الذي دخل حيز التنفيذ في أول يونيو عام ٢٠١٧ وتتمثل الأفكار التوجيهية لصياغة "قانون الأمن السيبراني" في: التمسك بمفهوم الأمن القومي الشامل كإرشاد والالتزام بمبادئ الاستخدام النشط والتطوير العلمي والإدارة وفقا للقانون وضمان الأمن، وتفعيل دور قيادي ودافع لأعمال التشريعات. تعزيز قدرة الوطن على الدفاع عن الأمن السيبراني تجاه المشاكل البارزة في مجال الأمن السيبراني الحالي من خلال إنشاء النظم وأخذ زمام المبادرة في إدارة الفضاء الإلكتروني وصياغة القواعد المتعلقة بشبكة الإنترنت وحماية بفعالية السيادة الوطنية على الفضاء الإلكتروني وحماية الأمن القومي والمصالح التنموية.

تمسكت الصين بالمبادئ التالية في حين صياغة "قانون الأمن السيبراني":

أولا، الالتزام بصياغة القانون وفقا للظروف الوطنية. ووفقا للوضع الخطير الذي يواجهه الأمن السيبراني

الصيني والوضع الراهن لأعمال التشريعات في مجال شبكة الإنترنت، قامت الصين بتلخيص تجارب أعمال الأمن السيبراني في السنوات الأخيرة لتأسيس إطار مؤسسي أساسي لضمان الأمن السيبراني. وركزت على الترتيبات المؤسسية للأمن السيبراني نفسه، وفي الوقت نفسه، طرحت المتطلبات المعيارية لمحتويات المعلومات وأنشأت وحسنت النظم المعنية من جوانب أمن المعدات والأجهزة الإلكترونية وأمن تشغيل شبكة الإنترنت وأمن معلومات شبكة الإنترنت وأمن بيانات شبكة الإنترنت، هادفة إلى إظهار الخصائص الصينية. وفي الوقت نفسه، اهتمت الصين بتعلم التجارب الأجنبية، فإن نظم الصين الرئيسية تتوافق مع الممارسات الأجنبية الشائعة، وتعاملت مع الشركات المحلية والأجنبية بشكل متساوي، ولن تمارس المعاملة المختلفة لهم.

ثانيا، الالتزام بمبدأ حل المشاكل البارزة. ويكون "قانون الأمن السيبراني" قانونا أساسيا في إدارة الأمن السيبراني، حيث يركز بشكل أساسي على المشاكل البارزة في الممارسة العملية، ويعمل على تحديد بعض الممارسات الجيدة الناضجة في السنوات الأخيرة كنظام لتوفير حماية قانونية فعالة لأعمال الأمن السيبراني. وطرحت متطلبات مبدئية على بعض الترتيبات المؤسسية اللازمة التي تفتقر إلى الخبرات العملية، وفي الوقت نفسه، أولت اهتماما بالتكامل والترابط بين قانون جديد والقوانين واللوائح المعنية القائمة وإمكانية صياغة القوانين واللوائح الداعمة له.

ثالثا، التمسك بتطوير الأمن السيبراني والمعلوماتية معا. ويترابط الأمن السيبراني والمعلوماتية ارتباطا وثيقا للغاية. ومن أجل حماية الأمن السيبراني، من الضروري التعامل مع العلاقة بين الأمن السيبراني والمعلوماتية بشكل جيد، والالتزام بتعزيز التنمية اعتمادا على الأمن، وحماية الأمن من خلال التنمية. وفي حين طرح المتطلبات لبناء نظم الأمن السيبراني، أولى "قانون الأمن السيبراني" اهتماما أيضا بحماية المصالح الشرعية لمختلف الكائنات في الفضاء الإلكتروني وضمان تنقل معلومات شبكة الإنترنت بشكل حر ومنظم وشرعي وتعزيز التطور الصحي والمستدام لابتكار تكنولوجيا شبكة الإنترنت والمعلوماتية وتوفير بيئة جيدة للتنمية من خلال حماية الأمن.

٢. تسريع إصدار السياسات واللوائح الداعمة لـ "قانون الأمن السيبراني" وتحسين النظام القانوني للأمن السيبراني

بعد إصدار "قانون الأمن السيبراني"، أسرعت المكتب الوطني لمعلومات الإنترنت والإدارات المعنية في صياغة الوثائق والقواعد التفصيلية الداعمة لـ "قانون الأمن السيبراني"، هادفة إلى تعزيز التحسن المستمر للنظام القانوني الوطني للأمن السيراني.

نشر المكتب الوطني لمعلومات الإنترنت "الخطة الوطنية للاستجابة على حوادث الأمن السيبراني الطارئة" و "تدابير مراجعة أمن منتجات وخدمات الشبكة"، وأصدر مع الإدارات ذات الصلة "قائمة معدات الشبكة الرئيسية ومنتجات الأمن السيبراني المتخصصة (الدفعة الأولى)" و "إعلان حول إصدار قائمة الأجهزة التي تتحمل مهام اختبار أمن معدات الشبكة الرئيسية ومنتجات الأمن السيبراني المتخصصة (الدفعة الأولى)" لضمان تطبيق النظم المهمة المنصوص عليها في "قانون الأمن السيبراني" مثل تدابير الاستجابة على حوادث الأمن السيبراني الطارئة ومراجعة أمن الشبكة واختبار المنتجات. وأصدرت محكمة الشعب العليا والنيابة الشعبية العليا في الصين "تفسير العديد من المسائل المتعلقة بتطبيق القوانين في عملية التعامل مع القضايا الجنائية لانتهاك بيانات المواطنين الشخصية"، مما وفر سلاحا قانونيا قويا لحماية أمن البيانات الشخصية للمواطنين.

بالإضافة إلى ذلك، قد بدأت الصين الأعمال الاستشارية حول "لوائح حماية أمن البنية التحتية الحيوية للمعلومات الرئيسية" و"حماية الأمن السيبراني على مختلف المستويات"، ومن المقرر إصدارهما باعتبارهما اللوائح الإدارية لمجلس الدولة الصيني. وفي الوقت نفسه، تقوم الصين حاليا بصياغة "تدابير تقييم الأمن لتنقل البيانات الشخصية عبر الحدود" وغيرها من السياسات الداعمة لـ "قانون الأمن السيبراني".

٣. إجراء أعمال التفتيش لحالة إنفاذ القانون بسرعة والاهتمام بإنفاذ القانون

أعلنت اللجنة الدائمة للمجلس الوطني لنواب الشعب الصيني في ٢٥ من أغسطس عام ٢٠١٧ أنه من أجل معرفة حالة تنفيذ "قانون الأمن السيبراني" و "قرار اللجنة الدائمة للمجلس الوطني لنواب الشعب الصيني بشأن تعزيز حماية معلومات شبكة الإنترنت" (باختصار "القانون و القرار") واكتشاف المشاكل وتحليل الأسباب وطرح الاقتراحات والتركيز على حل القضايا الرئيسية والمشاكل الصعبة خلال عملية إنفاذ القانون، ستقوم اللجنة الدائمة للمجلس الوطني لنواب الشعب الصيني بأعمال التفتيش حول حالة إنفاذ "القانون و القرار" في العديد من المقاطعات والمناطق ذاتية الحكم والبلديات.

على أساس التفتيش الشامل لحالة تنفيذ "القانون و القرار"، ركز فريق تفتيش حالة إنفاذ القانون على الجوانب التالية بشكل رئيسي: حالة الدعاية والتعليم لـ "القانون و القرار"؛ وحالة صياغة اللوائح الداعمة لـ "القانون و القرار"؛ وحالة تعزيز حماية البنية التحتية الحيوية للمعلومات الرئيسية وتطبيق نظام حماية الأمن السيبراني على مختلف المستويات؛ وحالة معالجة المعلومات الضارة على شبكة الإنترنت وحماية بيئة إيكولوجية

جيدة للفضاء الإلكتروني؛ وحالة تطبيق نظام حماية البيانات الشخصية للمواطنين والتحقيق في انتهاكات المعلومات الشخصية للمواطنين والجرائم ذات الصلة ومعاقبتها.

عادة ما تجري أعمال التفتيش لحالة إنفاذ القانون بعد عام واحد أو بضعة أعوام من تنفيذ القانون. ولكن أعمال التفتيش لإنفاذ "قانون الأمن السيبراني" بدأت بعد نصف عام فقط من تنفيذ القانون، الأمر الذي يعكس اهتمام اللجنة الدائمة للمجلس الوطني لنواب الشعب الصيني بـ "قانون الأمن السيبراني"، كما يجسد المكانة المهمة لـ "قانون الأمن السيبراني" في تنمية وأمن البلاد.

وفقا لنتائج التفتيش، طبقت جميع المناطق والإدارات الخطة الحكومية المركزية الاستراتيجية لـ "بناء دولة قوية في مجال شبكة الإنترنت"، وأدرجت الأمن السيبراني في الوضع العام للتنمية الاقتصادية والاجتماعية الوطنية وركزت على تعزيز أعمال حماية الأمن السيبراني ومعلومات الشبكة، وحققت نتائج إيجابية في تنفيذ "قانون الأمن السيبراني". ويتجسد ذلك بشكل أساسي في: تعميق الدعاية والتعليم وتعزيز الوعي بالأمن السيبراني؛

عقد الاجتماع الـ٣١ للجنة الدائمة الـ١٢ للمجلس الوطني لنواب الشعب الصيني جلسته الكاملة الثالثة في ٢٤ من ديسمبر عام ٢٠١٧ في بكين، وقدم نائب رئيس اللجنة الدائمة للمجلس الوطني لنواب الشعب الصيني وانغ شنغ جيون تقريرا حول أعمال فريق التفتيش لحالة إنفاذ "قانون الأمن السيبراني لجمهورية الصين الشعبية" و "قرار اللجنة الدائمة للمجلس الوطني لنواب الشعب الصيني بشأن تعزيز حماية معلومات شبكة الإنترنت".

وصياغة اللوائح والسياسات الداعمة، وبناء منظومة نظام الأمن السيبراني؛ وتحسين القدرات على الدفاع عن الأمن السيبراني، والتركيز على ضمان أمن تشغيل الشبكة؛ وإدارة ومعالجة المعلومات غير القانونية، والحفاظ على البيئة الصافية والطيبة للفضاء الإلكتروني؛ وتعزيز حماية المعلومات الشخصية ومكافحة انتهاكات بيانات المستخدمين وغيرها من الجرائم غير القانونية؛ وزيادة الدعم لتشجيع الابتكارات التكنولوجية الأساسية في مجال الأمن السيبراني.

مع ذلك، لا تزال هناك بعض الصعوبات والمشاكل خلال عملية تطبيق "القانون والقرار" وحماية الأمن السيبراني في المناطق المختلفة: أولا، يكون الوعي بالأمن السيبراني في حاجة إلى الترقية، ثانيا، تكون البنية التحتية الأساسية للأمن السيبراني ضعيفة بشكل عام، ثالثا، تكون مخاطر الأمن السيبراني وأخطاره الخفية بارزة، رابعا، يكون وضع أعمال حماية البيانات الشخصية للمستخدمين خطيرا، خامسا، يكون نظام إنفاذ القانون في مجال الأمن السيبراني في حاجة إلى مزيد من التنسيق، سادسا، تكون اللوائح الداعمة لـ «قانون الأمن السيبراني» في حاجة إلى التحسين سابعا، هناك نقص كبير في عدد مواهب الأمن السيبراني. ولا تعد هذه المشاكل التي توجد في عملية تطبيق القانون فحسب، بل تعكس أيضا أوجه القصور في مجال الأمن السيبراني في الصين، ويجب بذل الجهود المستمرة لحلها في المستقبل.

٤. تحسين القدرات على مكافحة الجرائم الإلكترونية اعتمادا على مزايا الاقتصاد الرقمي

في حين تعديل "قانون الجنائي" بشكل شامل في عام ١٩٩٧، حددت الصين بوضوح معنى جريمة الحاسوب، المادة الـ٢٨٥ "جريمة التسلل غير الشرعي إلى نظام المعلومات الحاسوبية"، والمادة الـ٢٨٦ "جريمة تدمير نظام المعلومات الحاسوبية" والمادة الـ٢٨٧ "الجريمة التقليدية باستخدام أجهزة الكمبيوتر". ومع ذلك، يكون نطاق الكائن الإجرامي المنصوص عليه في المادة الـ٢٨٥ "جريمة التسلل غير الشرعي إلى نظام المعلومات الحاسوبية" ضيقا للغاية، ويقتصر على التصرفات التي تضرر بـ "الشؤون الوطنية وبناء الدفاع الوطني ومجال العلوم والتكنولوجيا المتقدمة" فقط، أما المادة الـ٢٨٦ "جريمة تدمير نظام المعلومات الحاسوبية"، فتنص على إمكانية معاقبة المجرمين فقط في حالة وقوع الجرائم التي أدت إلى الأضرار الوخيمة مثل "تعطل نظام معلومات الكمبيوتر". وعلى هذه الخلفية، لا يمكن لمحاكم الشعب فعل أي شيء بالنسبة إلى عديد من حالات انتهاك الأمن السيبراني.

من أجل تغيير التخلف الخطير لـ "القانون الجنائي"، أصدرت اللجنة الدائمة للمجلس الوطني لنواب الشعب الصيني في فبراير عام ٢٠٠٩ القانون الجنائي المعدل (السابع) الذي أدرج سلوك تدمير نظم المعلومات بالإضافة إلى سلوك التسلل إلى مجالات الشؤون الوطنية وبناء الدفاع الوطني والعلوم والتكنولوجيا المتقدمة إلى نطاق المحافحة. وبالإضافة إلى ذلك، تنص المادة الـ٢٨٥ المعدلة على أنه بالنسبة إلى توفير التطبيقات والأدوات الخاصة بالتسلل أو التحكم غير الشرعي في أنظمة معلومات الكمبيوتر أو توفير التطبيقات والأدوات للآخرين في حالة معرفة أنهم يريدون التسلل أو التحكم غير الشرعي على أنظمة معلومات الكمبيوتر، يجب معاقبة هذه التصرفات وفقا لأحكام "التسلل غير الشرعي إلى أنظمة معلومات الكمبيوتر".

في أغسطس عام ٢٠١٥، قررت اللجنة الدائمة للمجلس الوطني لنواب الشعب الصيني الاعتماد على "القانون الجنائي المعدل (التاسع)" لتعزيز قوة معاقبة الجرائم الإلكترونية.

أولا، من أجل تعزيز حماية البيانات الشخصية للمواطنين، عملت الصين على تعديل الأحكام المتعلقة بالبيع والتوفير غير الشرعي لبيانات المواطنين الشخصية التي تم الحصول عليها عن طريق أداء الواجبات أو تقديم الخدمات، وتوسيع نطاق الكائنات الإجرامية. وفي الوقت نفسه، عملت على زيادة الأحكام المتعلقة بتحديد الجرائم

نحجت شرطة مدينة ووهو بمقاطعة آنهوي في الاكتشاف عن قضية الاحتيال المالي الكبيرة على شبكة الإنترنت في أكتوبر عام ٢٠١٨. وتظهر الصورة نقل الأشخاص المتورطين في القضية إلى مدينة ووهو.

تعاونت شرطة مدينة قوانغتشو مع شركات تينسنت و٣٦٠ وبايدو في الحملة ضد جرائم "إنشاء المحطات الزائفة" على شبكة الإنترنت لتحديد مواقع "المحطات الزائفة" من خلال منصات البيانات الكبيرة. وتظهر الصورة "المحطات الزائفة" التي تمت مصادرتها.

بسبب بيع أو توفير بيانات المواطنين الشخصية بشكل غير قانوني وبشكل خطير.

ثانيا، بالنسبة إلى وجود العواقب الخطيرة الناتجة عن عدم وفاء بعض مقدمي خدمات شبكة الإنترنت بالتزاماتهم في حوكمة الأمن السيبراني، أضافت الصين بعض الأحكام: إذا لا يفي مقدمو خدمات شبكة الإنترنت بالتزامات حوكمة الأمن السيبراني المنصوص عليها في القوانين واللوائح الإدارية، ورفضوا اتخاذ إجراءات التصحيح وفقا لمتطلبات إدارات الرقابة، مما أدى إلى نشر المعلومات غير القانوني على نطاق واسع أو أدى إلى تسرب معلومات المستخدمين بشكل خطير أو أدى إلى فقدان الأدلة في القضايا الجنائية بشكل خطير، يجب عليهم تحمل المسؤولية الجنائية.

ثالثا، بالنسبة إلى من أنشأ المواقع الإلكترونية ومجموعات الاتصالات المستخدمة لإجراء أنشطة الاحتيال المالي ونشر طرق التجريم وإنتاج أو بيع المواد المحظورة والمواد الخاضعة للرقابة وغيرها من أنشطة انتهاك القوانين؛ وبالنسبة إلى من نشر المعلومات المتعلقة بإنتاج أو بيع المخدرات والبنادق والمواد الفاحشة وغيرها من المواد المحظورة أو المواد الخاضعة للرقابة أو المعلومات غير القانونية؛ وبالنسبة إلى من نشر المعلومات لإجراء

الاحتيال المالي وغيره من الأنشطة الإجرامية، يجب تحديد تصرفاته كالجرائم.

رابعا، بالنسبة إلى تكرار حالات تعليم طرق التجريم ومساعدة الآخرين على ارتكاب الجرائم في الفضاء الإلكتروني، أضافت الصين بعض الأحكام: مع العلم أن الآخرين يستخدمون شبكة الإنترنت لارتكاب الجرائم، مازال يقدم إليهم خدمات شبكة الإنترنت أو إدارة الخادم أو التخزين الإلكتروني أو نقل الاتصالات وغيرها من الدعم التكنولوجي أو توفير المساعدات في تعزيز الرعاية وتسوية المدفوعات، إذا كانت الحالات خطيرة، يجب التحقيق في المسؤولية الجنائية.

خامسا، فيما يتعلق بتشغيل "المحطات الزائفة" وغيرها من حالات التعطيل الخطير للنظام اللاسلكي وانتهاك حقوق المواطنين ومصالحهم، قامت الصين بتعديل الأحكام المتعلقة بجريمة تدمير نظام الاتصالات اللاسلكية لتخفيض عتبة الجريمة زيادة أمكنية التشغيل.

سادسا، قامت الصين بإضافة الأحكام: صنع الحالات الخطيرة والأوبئة والكوارث وحالات الشرطة المزيفة ونشرها على شبكات المعلومات أو وسائل الإعلام الأخرى، أو مع العلم أنها المعلومات الكاذبة، بلنشرها عمدا على شبكات المعلومات أو وسائل الإعلام الأخرى، مما عطل النظام الاجتماعي بشكل خطير، يجب تحديد هذه التصرفات كالجرائم.

الفصل الرابع

تحسين نظام معايير للأمن السيبراني

يعد توحيد معايير الأمن السيبراني جزءا مهما من عملية بناء نظام ضمان الأمن السيبراني الوطني، ولعب دورا أساسيا ومعياريا ورياديا في بناء فضاء إلكتروني آمن وتعزيز إصلاح نظام حوكمة الفضاء الإلكتروني. وأولت الحكومة الصينية أهمية كبيرة بأعمال توحيد معايير الأمن السيبراني وطرحت تدريبات واضحة لأعمال توحيد معايير الأمن السيبراني، وأنشأت مؤسسات خاصة بإجراء أعمال توحيد معايير الأمن السيبراني، وأصدرت بشكل خاص الوثائق المتعلقة بتشجيع أعمال توحيد معايير الأمن السيبراني، وحققت نتائج ملحوظة في توحيد معايير الأمن السيبراني.

١. المؤسسات

ترجع أعمال توحيد معايير الأمن السيبراني في الصين إلى ثمانينيات القرن الـ٢٠، ويمكن تقسيمها بسهولة إلى مرحلتين: أولا، قبل عام ٢٠٠٢، تمت صياغة معايير الأمن السيبراني من قبل مختلف الإدارات والصناعات وفقا لاحتياجات العمل، ولم يكن هناك تخطيط موحد وإدارة منسقة لمعايير الأمن السيبراني، وافتقرت الإدارات المختلفة إلى التواصل والتبادل ثانيا، بعد عام ٢٠٠٢، دخلت أعمال صياغة معايير الأمن السيبراني إلى مرحلة التخطيط المنسق.

في عام ٢٠٠٢، أنشأت الصين "اللجنة الفنية الوطنية لتقييس أمن المعلومات"(TC٢٦٠) بقيادة مباشرة من قبل إدارة التقييس الصينية، وتتماشى هذه اللجنة مع أعمال SC٢٧ ISO/IECJTC١. وإن اسم اللجنة باللغة

الإنجليزية هو "China Information Security Standardization Technical Committee".

ونصت الوثيقة رقم ١(٢٠٠٤) لإدارة التقييس الصينية على أنه منذ يناير عام ٢٠٠٤، عند تقديم الطلب لإجراء المشروعات المتعلقة بالمعايير الوطنية للأمن السيبراني، يجب على جميع الإدارات ذات الصلة الاستماع إلى آراء اللجنة الفنية الوطنية لتقييس أمن المعلومات، وبعد التنسيق، ستنظم اللجنة الفنية الوطنية لتقييس أمن المعلومات أعمال تقديم الطلب والحصول على الموافقة. وفي عملية صياغة المعايير الوطنية، يجب على مجموعات عمل المعايير أو وحدات الصياغة الرئيسية التعاون بنشاط مع اللجنة الفنية الوطنية لتقييس أمن المعلومات، وسوف تستكمل اللجنة الفنية الوطنية لتقييس أمن المعلومات أعمال تقديم الطلب لصياغة المعايير الوطنية. ويشير إنشاء اللجنة الفنية الوطنية لتقييس أمن المعلومات إلى أن أعمال توحيد معايير الأمن السيبراني في الصين قد دخلت إلى حقبة جديدة من "التخطيط المنسق، والتنمية المنسقة".

في الوقت الحالي، قد أطلقت اللجنة الفنية الوطنية لتقييس أمن المعلومات ٧ مجموعات عمل ومجموعة عمل خاصة.

تعد WG١ مجموعة مسؤولية عن تنسيق نظام المعايير للأمن السيبراني. وتتمثل أعمالها الرئيسية في: دراسة نظام المعايير للأمن السيبراني ومتابعة تطور معايير الأمن السيبراني الدولية ودراسة وتحليل متطلبات التطبيق لمعايير الأمن السيبراني في الصين، ودراسة وطرح مشروعات جديدة ومقترحات عمل.

تعد WG٢ مجموعة مسؤولية عن معايير حماية أنظمة المعلومات السرية، وتتمثل أعمالها الرئيسية في: دراسة وطرح المتطلبات المعيارية لحماية أنظمة المعلومات السرية، وصياغة وتعديل معايير حماية أمن المعلومات السرية لضمان أمن أنظمة المعلومات السرية الوطنية.

تعد WG٣ مجموعة مسؤولية عن معايير تكنولوجيا كلمة المرور، وتتمثل أعمالها الرئيسية في: خوارزمية كلمة المرور، ووحدة كلمة المرور، والبحث وصياغة معايير إدارة كلمة المرور.

تعد WG٤ مجموعة مسؤولية عن معايير تحديد الهوية والترخيص، وتتمثل أعمالها الرئيسية في: تحليل ودراسة معايير PKI / PMI المحلية والدولية.

تعد WG٥ مجموعة مسؤولية عن تقييم الأمن السيبراني، وتتمثل أعمالها الرئيسية في: البحث عن الوضع الراهن واتجاه التطور لمعايير التقييم المحلية والدولية ودراسة وطرح مشروعات معايير التقييم ووضع الخطط المعنية.

تعد WG٦ مجموعة مسؤولية عن معايير أمن الاتصالات، وتتمثل أعمالها الرئيسية في: البحث عن الوضع الراهن واتجاه التطور لأمن الاتصالات، والبحث وطرح الأنظمة المعيارية لأمن الاتصالات وصياغة وتعديل معايير

أمن الاتصالات.

تعد WG7 مجموعة مسؤولية عن إدارة الأمن السيبراني، وتتمثل أعمالها الرئيسية في: دراسة الأنظمة المعيارية لإدارة الأمن السيبراني وصياغة معايير إدارة الأمن السيبراني.

تشير مجموعة العمل الخاصة إلى فرقة العمل الخاصة بمعايير أمن البيانات الضخمة، وتتمثل مهامها الرئيسية في دراسة معايير الأمان المتعلقة بالبيانات الضخمة والحوسبة السحابية. وتشمل مسؤولياتها التفصيلية على البحث عن الحاجة الملحة لمتطلبات التقييس، وطرح خريطة عمل لصياغة المعايير وتوضيح اتجاه البحث السنوي للمعايير وتنظيم أعمال دراسة المعايير الرئيسية في الوقت المناسب.

٢. إنجازات العمل

منذ تأسيسها، ظلت اللجنة الفنية الوطنية لتقييس أمن المعلومات تتخذ صياغة المعايير الرئيسية اللازمة خلال عملية بناء نظام وطني لضمان الأمن السيبراني كمركز الثقل، واعتمادا على المعايير الدولية والبحث والتطوير المستقلين، أجرت اللجنة بحث معايير الأمن السيبراني الوطنية وصياغتها وتعديلها بشكل مخطط ومنظم، وحتى إبريل عام ٢٠١٨، قد أصدرت اللجنة بشكل رسمي ٢١٥ معيارا متعلقا بالأمن السيبراني.

من أجل تعزيز إدارة أعمال التقييس للأمن السيبراني وتوفير الخدمات الشاملة لوحدات الصناعات المختلفة، أنشأت اللجنة الفنية الوطنية لتقييس أمن المعلومات منصة وطنية لإدارة وخدمة معايير الأمن السيبراني، مما حقق الإدارة المفتوحة والشفافة لجميع حلقات إدارة صياغة معايير الأمن السيبراني، كما أنشأت اللجنة خزانا إلكترونيا لمعايير الأمن السيبراني المحلية والدولية. وفي الوقت نفسه، أولت اللجنة الفنية الوطنية لتقييس أمن المعلومات اهتماما كبيرا بالتصميم على المستوى الأعلى لتوحيد معايير الأمن السيبراني وبحوث التخطيطات الاستراتيجية، وتمشيا مع سياسات الأمن السيبراني الوطنية والاحتياجات الملحة لمختلف الإدارات، قامت بصياغة المعايير الداعمة للأمن السيبراني في الوقت المناسب. وفي أنشطة صياغة المعايير الدولية، قامت اللجنة بالتبادلات النشيطة حول توحيد معايير الأمن السيبراني الدولية ومتابعة اتجاه التطورات الدولية والمشاركة في أنشطة التقييس الدولية بشكل حقيقي وطرحت عديدا من المقترحات حول المعايير الدولية وقدمت عديدا من الإسهامات في المعايير الدولية.

إن تأسيس نظام معايير الأمن السيبراني يوفر دعما تقنيا قويا وأساسا مهما لمختلف أعمال حماية الأمن السيبراني في الصين، مثل إدارة الأمن السيبراني لخدمات الحوسبة السحابية والتفتيش الأمني لنظام المعلومات الحكومية وحماية أمن نظام المعلومات على مختلف المستويات واختبار أمن منتجات الأمن السيبراني ومنح الشهادات

لهذه المنتجات مساعدة هذه المنتجات على دخول السوق وتقييم مخاطر الأمن السيبراني وحماية أمن نظام المعلومات السرية على مختلف المستويات واختبار أمن المعلومات السرية.

٣. إجراءات تحسين نظام معايير الأمن السيبراني

أصدرت إدارة الفضاء الإلكتروني الصينية والمصلحة الصينية لفحص ومراقبة الجودة وإدارة التقييس الصينية في أغسطس عام ٢٠١٦ "عدة الآراء حول تعزيز أعمال توحيد معايير الأمن السيبراني الوطنية" (رقم ٥ [٢٠١٦]). وأشارت الوثيقة إلى أنه مع التطور السريع لتكنولوجيا معلومات الشبكة، أصبح وضع الأمن السيبراني أكثر تعقيدا وشدة، مما طرح متطلبات أعلى لأعمال التقييس. ومن أجل تطبيق استراتيجية بناء دولة قوية في مجال شبكة الإنترنت وتعميق إصلاح أعمال التقييس وبناء نظام وآلية موحدة وموثوق بها وعلمية وفعالة لمعايير الأمن السيبراني ودعم تطور الأمن السيبراني والمعلوماتية، يجب اتخاذ التدابير المهمة التالية:

أولا، إنشاء آلية عمل متسمة بالتنسيق الشامل والتعاون المنسق. يجب إنشاء آلية عمل وطنية موحدة وموثوقة بها لمعايير الأمن السيبراني. تحت قيادة إدارة التقييس الصينية وبفضل التعاون المنسق مع إدارة الفضاء الإلكترونية الصينية ودعم أجهزة إدارة الأمن السيبراني ذات الصلة، قامت اللجنة الفنية الوطنية لتقييس أمن المعلومات بتوحيد المعايير الفنية الوطنية للأمن السيبراني وتنظيم أعمال تقديم الطلب والحصول على الموافقة بشكل موحد. وبالنسبة إلى المعايير الوطنية الأخرى التي تتعلق بالأمن السيبراني، يجب الاستماع إلى آراء إدارة الفضاء الإلكتروني الصينية وأجهزة إدارة الأمن السيبراني ذات الصلة لضمان التنسيق بين المعايير الوطنية المعنية ونظام معايير الأمن السيبراني. يجب استكشاف إنشاء آلية متصلين للمعايير الصناعية في مجال الأمن السيبراني وآلية تشاور لمعايير الأمن السيبراني لضمان التنسيق والترابط بين المعايير الصناعية والمعايير الوطنية وتجنب التناقضات بين معايير الصناعات المختلفة. ينبغي إنشاء آلية تقاسم المعلومات والمعايير للمشاريع الكبرى والمشاريع التكنولوجية المهمة وتعزيز التنسيق بين المعايير المدنية والمعايير العسكرية وتعزيز التعاون الوثيق بين أجهزة إدارة المعايير المدنية والعسكرية.

ثانيا، تعزيز بناء نظام المعايير. يجب بناء نظام المعايير بشكل علمي وتعزيز التخطيط والصياغة المتزامنين لمعايير الأمن السيبراني ومعايير تطبيق المعلوماتية. يجب تحسين المعايير على جميع المستويات ودمج وتبسيط المعايير الإلزامية وتحسين المعايير الموصى بها ووضع المعايير المقترحة في الصناعات الخاصة وفقا للظروف، عدم وضع الصين المعايير المحلية للأمن السيبراني من حيث المبدأ. يجب دفع صياغة المعايير الملحة أولا، ووفقا لمتطلبات

خطة العمل "الإنترنت بلس" و"صنع في الصين ٢٠٢٥" و "خطة العمل لتطوير البيانات الضخمة" وغيرها من الاستراتيجيات الوطنية، القيام بتسريع عملية بحوث وصياغة المعايير في مجالات حماية البنية التحتية الحيوية للمعلومات الرئيسية ومراجعة الأمن السيبراني والهوية الموثوق بها في الفضاء الإلكتروني ومنتجات تكنولوجيا المعلومات الرئيسية ورقابة أعمال حماية المعلومات السرية في الفضاء الإلكتروني وأمن نظام التحكم الصناعي وأمن البيانات الضخمة وحماية البيانات الشخصية وأمن المدن الذكية وأمن إنترنت الأشياء وأمن جيل جيد من شبكات الاتصالات وأمن منتجات أجهزة التلفزة عبر الإنترنت وتقاسم معلومات شبكة الإنترنت.

ثالثا، تحسين جودة المعايير والقدرات الأساسية. يجب تحسين قابلية تطبيق المعايير وتوسيع نطاق المشاركة في صياغة المعايير وضمان تلبية المعايير لاحتياجات إدارة الأمن السيبراني وتنمية الصناعات واستخدام المستخدمين وضمان استخدام المعايير بشكل جيد. يجب تحسين مستوى المعايير وتقصير وقت صياغة وتعديل المعايير لضمان أن المعايير تلبي احتياجات الأمن السيراني وتنمية التقنيات والصناعات الناشئة. يجب تحسين قواعد صياغة المعايير وضمان جودة المعايير من خلال عملية العمل الصارمة وتعزيز بناء القدرات الأساسية على توحيد المعايير وتعزيز البحوث في استراتيجيات توحيد المعايير والنظريات الأساسية للأمن السيبراني.

رابعا، تعزيز دعاية المعايير. يجب تعزيز الدعاية والتفسير للمعايير والجمع بين دعاية المعايير وأعمال إدارة الأمن السيبراني وتوسيع نطاق تنفيذ المعايير واعتماد المعايير الوطنية بنشاط عند صياغة الوثائق والسياسات وترتيب الأعمال ذات الصلة.

خامسا، تعزيز أعمال التقييس الدولية. يجب المشاركة الفعالة في أنشطة التقييس الدولية ورفع نفوذ الصين وتأثيراتها الدولية. ويجب دفع تطبيع واستدامة أعمال التقييس الدولية وبناء فريق من خبراء التقييس الدولي مع مهارات اللغات الأجنبية والمهارات المهنية الممتازة.

سادسا، بناء فريق مواهب جيد في أعمال التقييس. يجب إجراء أعمال التعليم والتدريب بنشاط لإعداد فريق مواهب في أعمال التقييس. وينبغي جذب وإعداد مواهب ممتازين في أعمال التقييس وإنشاء خزان من خبراء التقييس في مجال الأمن السيبراني.

سابعا، توفير الدعم المالي بشكل جيد. يجب على جميع الإدارات والحكومات المحلية إيلاء اهتمام كبير بأعمال التقييس للأمن السيبراني وتشجيع الشركات على زيادة الاستثمار في بحوث وتطبيق المعايير.

مجالات الأمن السيبراني التي تولي الصين اهتماما كبيرا بحمايتها

تعتبر البنية التحتية الحيوية للمعلومات الرئيسية في مجالات التمويل والطاقة والكهرباء والاتصالات والنقل وما إلى ذلك الجهاز العصبي المركزي للعمل الاقتصادي والاجتماعي، وهي الأولوية القصوى للأمن السيبراني. وإذا تعرضت هذه البنية التحتية لمهاجمة، فقد يؤدي الأمر إلى الفوضى المرورية والاضطرابات المالية وانقطاع الطاقة الكهربائية وغيرها، وسيكون الأمر مدمرا للغاية. وعلى الصعيد العالمي، يتمثل جوهر تشريعات الأمن السيبراني في مختلف البلدان في حماية البنية التحتية الحيوية.

ينص "قانون الأمن السيبراني لجمهورية الصين الشعبية" بوضوح لأول مرة على تعريف البنية التحتية الحيوية للمعلومات الرئيسية وتدابير حمايتها، ولديه أهمية كبيرة وعميقة على حماية سيادة الصين على الفضاء الإلكتروني وأمن الفضاء الإلكتروني في الصين بشكل فعال.

الفصل الأول
حماية البنية التحتية الحيوية للمعلومات الرئيسية

أشار الأمين العام شي جين بينغ في ندوة الأعمال حول الأمن السيبراني والمعلوماتية في ١٩ من أبريل عام ٢٠١٦ إلى أن "البنية التحتية الحيوية للمعلومات الرئيسية هي الجهاز العصبي المركزي للعمل الاقتصادي والاجتماعي، وتعد الأولوية القصوى للأمن السيبراني، وقد تكون أيضا هدفا رئيسيا لهجمات"، كما طرح التعليمات والمتطلبات الهامة لـ "اتخاذ تدابير فعالة لحماية البنية التحتية الحيوية الوطنية للمعلومات الرئيسية".

خصص "قانون الأمن السيبراني لجمهورية الصين الشعبية" الذي دخل حيز التنفيذ في أول يونيو عام ٢٠١٧ مادة خاصة لتوضيح "أمن أداء البنية التحتية الحيوية للمعلومات الرئيسية". وفي عام ٢٠١٩، أصدرت الحكومة الصينية "اللوائح المتعلقة بحماية أمن البنية التحتية الحيوية للمعلومات الرئيسية" (يشار إليها فيما يلي باسم "اللوائح") التي قدمت البيانات التفصيلية حول المتطلبات ذات الصلة في "قانون الأمن السيبراني". ومنذ ذلك الوقت، تم إنشاء نظام حماية البنية التحتية الحيوية للمعلومات الرئيسية في الصين رسميا، وحل شكوك العالم الخارجية المختلفة حول هذا الموضوع.

ا . ما هي البنية التحتية الحيوية للمعلومات الرئيسية في الصين؟ وما هي القواعد لتحديدها؟

يعتبر التعريف الفعال والكامل للبنية التحتية الحيوية للمعلومات الرئيسية نقطة الانطلاق المنطقية لأنظمة حماية البنية التحتية الحيوية للمعلومات الرئيسية. وفي هذا الصدد، وفقا لأحكام "قانون الأمن السيبراني"، اتخذت

المادة الثانية لـ"اللوائح" "أهمية الأصول" كمعايير تحديد نطاق البنية التحتية الحيوية للمعلومات الرئيسية، أي "البنية التحتية التي قد تترك أضرارا خطيرة على الأمن القومي والاقتصاد الوطني ومعيشة الشعب والمصالح العامة فورا بعد التعرض للتدمير وفقدان الوظائف أو تسرب البيانات، يجب إدراجها في نطاق حماية البنية التحتية الحيوية للمعلومات الرئيسية". كما أوضحت المادة الثانية لـ"اللوائح" المجالات والصناعات التي تغطيها البنية التحتية الحيوية للمعلومات الرئيسية في الصين، بما فيها الاتصالات العامة وخدمات البيانات والطاقة والنقل والريئ والتمويل والخدمات العامة والشؤون الحكومية الإلكترونية وصناعة التكنولوجيا الدفاعية.

بالإضافة إلى ذلك، ذكرت المادة التاسعة لـ"اللوائح" العوامل الرئيسية لتعريف البنية التحتية الحيوية للمعلومات الرئيسية، بما في ذلك: مدى أهمية مرافق شبكة الإنترنت وأنظمة البيانات للأعمال الرئيسية في صناعة وقطاع؛ ودرجة الأضرار التي قد تسببها مرافق شبكة الإنترنت وأنظمة البيانات في حالة التدمير؛ والتأثيرات المترابطة على الصناعات والقطاعات الأخرى. ومن الواضح أن نقطة الانطلاق المنطقية لأنظمة حماية البنية التحتية الحيوية للمعلومات الرئيسية في الصين هي أهمية الأصول.

تتوافق معايير الحكم هذه مع الأعراف الدولية. وعلى سبيل المثال، أصدرت الولايات المتحدة في فبراير عام ٢٠١٣ الأمر التنفيذي الرئاسي رقم ١٣٦٣٦ "تحسين بنية تحتية حيوية للأمن السبراني" وتوجيهات السياسة الرئاسية ٢١ – "أمن البنية التحتية الحرجة والمرونة" لتقسيم قطاعات البنية التحتية الحيوية إلى ١٦ فئة: المواد لكيميائية، والمرافق التجارية، والاتصالات، والتصنيع الرئيسي، والسدود، والقواعد الصناعية الدفاعية، وخدمات الطوارئ، والطاقة، والخدمات المالية، والطعام والزراعة، والمرافق الحكومية، والصحة العامة والرعاية الطبية، وتكنولوجيا البيانات، والمفاعلات النووية والمواد النووية والنفايات النووية، والنقل، والمياه وأنظمة معالجة مياه الصرف الصحي. وفي الآونة الأخيرة، أعلنت سنغافورة عن "قانون الأمن السيبراني". وفي هذا القانون، تُعرّف البنية التحتية الحيوية للمعلومات الرئيسية بأنها "الكمبيوتر أو نظام الكمبيوتر الضروري للحفاظ على مواصلة توفير الخدمات الأساسية (essential services) التي تعتمد عليها الدولة". ومن بينها، تشير الخدمات الأساسية إلى الخدمات التي "ستضعف بشكل خطير الأمن القومي والدفاع الوطني والعلاقات الدبلوماسية والاقتصاد والصحة العامة والسلامة العامة أو النظام العام في حالة الفقدان أو التعرض لتدمير." ويمكن القول إن سنغافورة اتبعت أيضا معايير "أهمية الأصول" لتحديد البنية التحتية الحيوية للمعلومات الرئيسية.

لنلاحظ التعريف المفصل للبنية التحتية الحيوية للمعلومات الرئيسية في القطاعات أو الصناعات. وتنص المادة الـ١٢ لـ "اللوائح" على أن التعريف الدقيق للبنية التحتية الحيوية للمعلومات الرئيسية يجب أخذ في الاعتبار

العوامل التالية بشكل عام: أولا، مدى أهمية مرافق شبكة الإنترنت وأنظمة البيانات للأعمال الرئيسية في صناعة وقطاع؛ثانيا، ودرجة الأضرار التي قد تسببها مرافق شبكة الإنترنت وأنظمة البيانات في حالة التدمير؛ ثالثا، التأثيرات المترابطة على الصناعات والقطاعات الأخرى.

تعكس فكرة مماثلة في "قانون أمن تكنولوجيا البيانات" الألماني (IT Security Act) الذي دخل حيز التنفيذ في ٢٥ يوليو ٢٠١٥. ويعرّف "قانون أمن تكنولوجيا البيانات" الألماني البنية التحتية الحيوية بأنها "مهمة جدا للجمهور" وفي حالة "الانهيار أو التلف"، سيؤدي ذلك إلى "نقص كبير في الإمدادات لعدد كبير من المستخدمين". ومن أجل تحديد نطاق البنية التحتية الحيوية بشكل أكثر وضوح، أصدرت وزارة الداخلية الألمانية قانونين في مايو ٢٠١٦ ويونيو ٢٠١٧ على التوالي، يحددان نطاق البنية التحتية الحيوية في الصناعات والقطاعات مثل الطاقة، وتكنولوجيا البيانات والاتصالات، والمياه والغذاء، والصحة، والتمويل والتأمين، والنقل والمواصلات. وما زال القانونان المذكور أعلاهما يستخدمان "أهمية الأصول" كمعايير التحديد: أولا، تحديد الأعمال الرئيسية في الصناعات والقطاعات المختلفة؛ ثانيا، تحديد أنواع المرافق الداعمة اللازمة للأعمال الرئيسية؛ ثالثا، وضع القيم الحدية (threshold values) للأعمال الرئيسية وأنواع المرافق الداعمة وفقا للصناعات والقطاعات المختلفة،

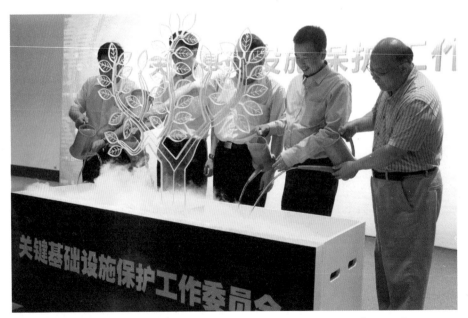

تم الإعلان عن تأسيس لجنة أعمال حماية البنية التحتية الحيوية في ١٦ يوليو عام ٢٠١٦.

انعقاد منتدى أمن البنية التحتية الحيوية للمعلومات الرئيسية في مدينة تشنغدو بمقاطعة سيتشيوان في ١٨ سبتمبر عام ٢٠١٨.

وإدراج الأعمال الرئيسية والمرافق الداعمة التي تتجاوز عتبة القيم الحدية إلى البنية التحتية الحيوية. على سبيل المثال، في قطاع الطب السريري، تكون القمية الحدية عدد المرضى المنومين سنويا.

بشكل عام، إن تعريف الصين للبنية التحتية الحيوية للمعلومات الرئيسية يتوافق مع أفكار وممارسات الدول الأخرى في هذا المجال.

٢. ما هي أفكار حماية البنية التحتية الحيوية للمعلومات الرئيسية؟ وما هو الفرق بين نظام حماية البنية التحتية الحيوية للمعلومات الرئيسية ونظام حماية الأمن السيبراني على مختلف المستويات؟

نظرا لأن البنية التحتية الحيوية للمعلومات الرئيسية مهمة جدا للبلد والمجتمع والمواطنين، يجب حمايتها بشكل أفضل. ومن هذا المنظور، يكون نظام حماية الأمن السيبراني على مختلف المستويات متوافقا للغاية مع أعمال حماية البنية التحتية الحيوية للمعلومات الرئيسية، لأن السمة البارزة لنظام حماية الأمن السيبراني على مختلف المستويات هي تحديد المستويات وفقا لـ "أهمية الأصول"، ومطالبة المشغلين بإنشاء القدرة على الحماية المطابقة

للمستويات المختلفة.

لهذا السبب، ينص "قانون الأمن السيبراني لجمهورية الصين الشعبية" و"اللوائح المتعلقة بحماية أمن البنية التحتية الحيوية للمعلومات الرئيسية" على أن حماية البنية التحتية الحيوية للمعلومات الرئيسية يجب أن تستند إلى نظام حماية الأمن السيبراني على مختلف المستويات. ولكن في الوقت نفسه، ينص "قانون الأمن السيبراني" و "اللوائح" أيضا على "إجراء الحماية الرئيسية على أساس نظام حماية الأمن السيبراني على مختلف المستويات". فكيف نفهم ما يسمى "الحماية الرئيسية"؟

في هذا الصدد، أعطت "اللوائح" إجابة واضحة، أي استخدام مفهوم إدارة المخاطر لتوفير تصميم شامل وعلمي ومتقدم ومنسق لأعمال حماية البنية التحتية الحيوية للمعلومات الرئيسية.

في الواقع، قدم الأمين العام شي جين بينغ في ندوة الأعمال حول الأمن السيبراني والمعلوماتية في ١٩ من أبريل عام ٢٠١٦ شرحا منهجيا واضحا حول أهمية إدارة المخاطر لحماية البنية التحتية الحيوية للمعلومات الرئيسية. ويعد تنسيق أعمال حماية البنية التحتية الحيوية للمعلومات الرئيسية من خلال إدارة المخاطر أحد أهم محتويات "الحماية الرئيسية" لهذه البنية التحتية.

تتكون عملية إدارة المخاطر الكاملة من أربع خطوات رئيسيا: الأولى هي كشف المخاطر؛ الثانية هي تقييم المخاطر؛ الثالثة هي التعامل مع المخاطر؛ الرابعة هي مراقبة التغيرات في البيئة والمخاطر باستمرار. وتشكل هذه الخطوات الأربع حلقة تغذية راجعة (feedback loop) لتحسين مستوى إدارة المخاطر بشكل مستمر، وسنوضح هذا الأمر في أربعة جوانب بشكل منفصل فيما يلي.

أولا، إن كشف المخاطر وتقييم المخاطر لديهما أهمية كبرى في أعمال الأمن السيبراني وحتى أعمال حماية البنية التحتية الحيوية للمعلومات الرئيسية. وأشار الأمين العام شي جين بينغ إلى أنه "إن كنت تدرك قدراتك وقدرات خصمك، فما عليك أن تخشى من نتائج مئة معركة"؛ و"لحماية الأمن السيبراني، يجب أن نعرف أولا أين المخاطر وما هي المخاطر ومتى حدثت المخاطر"؛ و"عدم الشعور بالمخاطر هو الخطر الأكبر"، وإن نتيجة عدم القدرة على كشف المخاطر هي فقط "من يأتي، لا نعرف، هل هو العدو أو الصديق، لا نعرف، وماذا فعل، لا نعرف."

ثانيا، يمكن تقسيم المخاطر إلى المخاطر الداخلية والمخاطر الخارجية. وحسب تعبير الأمين العام شي جين بينغ، فمن خلال كشف وتقييم المخاطر الداخلية، يمكن "معرفة أحوال الذات" و"التعثر على الثغرات" و"الإبلاغ عن النتائج" و"الإشراف على الإصلاح". ومن خلال كشف وتقييم المخاطر الخارجية، يمكننا أن نعرف الفجوة بين "استخدام الآخرين الطائرات والمدافع واستخدامنا السيوف والأرماح".

ثالثا، لدى إدارة المخاطر أهمية إرشادية شاملة وأساسية للترتيب العام وتوزيع الموارد لأعمال الأمن السيبراني. وأشار الأمين العام شي جين بينغ إلى أن "الأمن السيبراني هو أمر نسبي وليس مطلقا. ولا يوجد الأمن المطلق، ويجب حماية الأمن وفقا للظروف الوطنية الأساسية وتجنب السعي إلى الأمن المطلق مع تجاهل التكاليف، لأن ذلك قد يترك عبئا ثقيلا أو يؤدي إلى الأضرار الأخرى." لذلك، في ظل قيود الموارد، تعد إدارة المخاطر أفضل التوجيهات لتحديد أولويات أعمال حماية الأمن السيبراني وتوزيع قوة حماية الأمن السيبراني بشكل علمي وفعال. وقال الأمين العام شي جين بينغ إنه من خلال كشف وتقييم المخاطر، يمكننا "امتلاك دفتر حسابات واضح" – "أي ما هي الجوانب التي يجب علينا تركيز أكبر الجهود لحمايتها، وما هي الجوانب التي يجب على الحكومات المحلية بذل الجهود لحمايتها وما هي الجوانب التي يجب على قوى السوق بذل الجهود لحمايتها."

رابعا، إن إدارة المخاطر هي أحد التوجيهات الأساسية لأعمال الأمن السيبراني حتى أعمال الأمن القومي للبلاد. ويخصص الباب الرابع "نظام الأمن القومي" لـ "قانون الأمن القومي" الفصلين ("البيانات الاستخبارية" والوقاية من المخاطر وتقييم المخاطر والإنذار المبكر للمخاطر) لتحديد قواعد إدارة المخاطر للأمن القومي بشكل تفصيلي.

يستخدم المركز الوطني للحوسبة الفائقة في جينان وحدة المعالجة المركزية والبرماجيات الصينية الصنع، مما حقق التحكم المستقل للتكنولوجيات الأساسية للبنية التحتية الحيوية للمعلومات الرئيسية.

باختصار، إذا تمسكنا بأفكار إدارة المخاطر، يمكننا تجاوز تقييد معايير "أهمية الأصول المحمية" في أعمال حماية البنية التحتية الحيوية للمعلومات الرئيسية وتجاوز الأسلوب التقليدي لبناء القدرات الأمنية حسب المستويات المختلفة، وتحقيق السيطرة الفعالة على تغيرات "قدرة طرفي الهجوم والدفاع" وتوزيع الموارد والقوى المحدودة بشكل علمي وفعال، وثم يمكننا أخذ زمام المبادرة في لعبة المواجهة الديناميكية والحصول على النتائج الأمنية الجيدة.

٣. كيف تعكس "اللوائح" أفكار إدارة المخاطر المقبولة دوليا؟

تتجسد أفكار إدارة المخاطر في "اللوائح" بشكل أساسي في الجوانب التالية. أولا، تنص "اللوائح" على بناء "نظام الوعي بالأمن السيبراني في أي وقت ومن جميع النواحي" الذي طلبه الأمين العام شي جين بينغ. وتتطلب المادتان الـ٢٣ والـ٢٤ في الباب الرابع "الحماية والتعزيز" من أجهزة معلومات الإنترنت الوطنية وإدارات أعمال الحماية (بما في ذلك الإدارات الإشرافية في الصناعات والقطاعات) إنشاء "آليات تقاسم البيانات حول الأمن السيبراني على مستويات الوطن والصناعات والقطاعات" و "آليات المراقبة والإنذار المبكر للأمن السيبراني" في الصناعات والقطاعات وإجراء جمع معلومات الأمن السيبراني حول التهديدات والهجمات والثغرات الأمنية على شبكة الإنترنت في الوقت المناسب ودراسة وتقاسم هذه البيانات وتقديم الإنذار المبكر لمشاكل الأمن السيبراني وإصدار الإخطارات المعنية. كما تؤكد المادة الـ٢٧ على أنه يجب على "آليات تقاسم البيانات حول الأمن السيبراني" تفعيل دور مشغلي الإنترنت ومؤسسات خدمة الأمن السيبراني بشكل شامل، وفي الواقع، يجب على أجهزة معلومات الإنترنت الوطنية تنسيق إنشاء آليات تقاسم البيانات حول الأمن السيبراني بين الحكومة والشركات ومؤسسات خدمة الأمن السيبراني. وتسعى "اللوائح" إلى الاستخدام الشامل للمعلومات والبيانات في جميع الجوانب ومعرفة مخاطر الأمن السيبراني بشكل أفضل من خلال إنشاء آليات تقاسم البيانات ذات مختلف المستويات حول الأمن السيبراني بين الإدارات الحكومية والمؤسسات الخاصة.

ثانيا، تطلب المادة الـ٢٦ من إدارات أعمال الحماية تنظيم أعمال الفحص والاختبار لمخاطر الأمن السيبراني للبنية التحتية الحيوية للمعلومات الرئيسية في صناعاتها وقطاعاتها وأحوال وفاء المشغلين بالتزاماتهم المتعلقة بحماية الأمن السيبراني. واختلافا عن أسلوب اختبار الأمن السابق، لا تدرك إدارات أعمال الحماية في عملها اليومي وضع مخاطر الأمن السيبراني في صناعاتها وقطاعاتها فحسب، بل تعرف أيضا مخاطر الأمن السيبراني في أنحاء البلاد من خلال "آليات المراقبة والإنذار المبكر للأمن السيبراني" التي أنشأتها أجهزة معلومات الإنترنت الوطنية. لذلك، في أعمال فحص واختبار الأمن، يمكن لإدارات أعمال الحماية توفير التوجيهات الفعالة لمساعدة

المشغلين على إيجاد المشاكل في الوقت المناسب، وطرح التدابير المناسبة لحل المخاطر القائمة. ومن خلال أعمال الفحص والاختبار المنتظمة لإدارات أعمال الحماية، يمكن تحويل الوعي بالمخاطر إلى متطلبات حماية الأمن السيبراني الفعلية التي تتوافق مع تغيرات الوضع، ويمكن تطبيق هذه المتطلبات في نهاية المطاف.

ثالثا، تنص المادة الـ٢٥ على أنه يجب على إدارات أعمال الحماية إنشاء خطط الطوارئ الخاصة بحوادث الأمن السيبراني في صناعاتها وقطاعاتها، وتنظيم التدريبات على التعامل مع حالات الطوارئ بشكل منتظم وتوفير التوجيهات لمشغلي الإنترنت للتعامل مع حوادث الأمن السيبراني بشكل جيد وتوفير الدعم الفني لهم. ولا شك أن إجراء التدريبات على التعامل مع حالات الطوارئ على أساس الإدراك الشامل لأحوال تغير المخاطر يمكن تجنب حالة "اتخاذ قرار بدون تفكير جيد" إلى أقصى حد وضمان التدريبات أن تكون مستهدفة مباشرة.

رابعا، تنص المادة الـ١٨ على أنه عند وقوع حوادث الأمن السيبراني الكبرى وحوادث الأمن السيبراني الكبرى للغاية أو ظهور التهديدات الكبيرة للأمن السيبراني في البنية التحتية الحيوية للمعلومات الرئيسية، يجب على المشغلين الإبلاغ عن هذه الحوادث والتهديدات وفقا للأحكام ذات الصلة.

ينظم مكتب إدارة الاتصالات لمقاطعة خنان مع فرع المركز الوطني لتنسيق المعالجة الفنية لحالات الطوارئ لشبكة الإنترنت في مقاطعة خنان التدريبات على التعامل مع حالات الطوارئ في يونيو عام ٢٠٠٨.

من خلال هذه المواد، يمكن ملاحظة أن "اللوائح" تهدف إلى إنشاء نظام ثلاثي الأبعاد ومتشابك لمعرفة حالات الأمن السيبراني في البنية التحتية الحيوية للمعلومات الرئيسية في جميع أنحاء البلاد، وتحويل استكشاف وتحليل المخاطر في الوقت الحقيقي إلى متطلبات حماية الأمن السيبراني الديناميكية والمستهدفة من خلال أعمال التفتيش والاختبار والتدريبات للإدارات الحكومية. وعلى هذا الصدد، يجب فهم واجبات حماية الأمن لمشغلي البنية التحتية الحيوية للمعلومات الرئيسية المنصوص عليها في الباب الثالث لـ "اللوائح" من منظور إدارة المخاطر، وينبغي أن يكون تعديل استراتيجيات حماية الأمن في الوقت المناسب وفقا لحالات تغير المخاطر موضوعا رئيسيا ضمن واجبات حماية الأمن لمشغلي البنية التحتية الحيوية للمعلومات الرئيسية.

وفقا للترتيبات المؤسسية المذكورة أعلاه في "اللوائح"، يمكن إدخال كشف المخاطر وتقييم المخاطر من قبل الإدارات الحكومية في عملية إدارة المخاطر من قبل مشغلي البنية التحتية الحيوية للمعلومات الرئيسية في الوقت المناسب، الأمر الذي لا يسهم في تجنب "رؤية الأشجار وعدم رؤية الغابة" للمشغلين فقط، بل يمكن تجنب تجاهل المشغلين المخاطر التي يواجهونها بشكل متعمد من أجل تطوير أعمالهم.

إن تنسيق أعمال حماية أمن البنية التحتية الحيوية للمعلومات الرئيسية هو في الواقع المفهوم الأساسي لأحدث التشريعات والسياسات والمعايير المتعلقة بالأمن السيبراني في الولايات المتحدة ودول الاتحاد الأوروبي وغيرها من دول ومناطق العالم.

أصدر الرئيس الأمريكي السابق باراك أوباما الأمر التنفيذي الرئاسي رقم ١٣٦٣٦ بشأن "تعزيز الأمن السيبراني للبنية التحتية الحيوية" ("Improving Critical Infrastructure Cybersecurity") في عام ٢٠١٣، يتطلب بوضوح المعهد الوطني الأمريكي للمعايير والتكنولوجيا (NIST) من إنشاء "إطار الأمن السيبراني" (Cybersecurity Framework) الذي تكون إدارة المخاطر نواته، باعتباره أحد التدابير الأساسية لحماية البنية التحتية الحيوية للولايات المتحدة. وفي الوقت الحالي، شهد "إطار الأمن السيبراني" الذي صاغه المعهد الوطني الأمريكي للمعايير والتكنولوجيا ترحيبا حارا من قبل العديد من هيئات الرقابة الأمريكية، على سبيل المثال، قامت هيئة الأوراق المالية والبورصات الأمريكية (SEC) ولجنة التجارة الفيدرالية الأمريكية (FTC) ووزارة الأمن الداخلي في الولايات المتحدة ووزارة الطاقة الأمريكية وغيرها بترويج "إطار الأمن السيبراني" الذي تكون إدارة المخاطر نواته أمام مشرفيها.

اعتمد الاتحاد الأوروبي في عام ٢٠١٦ على "توجيه أمن الشبكات والبيانات" (NIS Directive) الذي يستهدف إلى الشبكات وأنظمة البيانات "الأساسية"، ويدعو هذا التوجيه إلى إنشاء "ثقافة إدارة مخاطر": يجب على

مشغلي الشبكات وأنظمة البيانات "الأساسية" تقييم المخاطر واتخاذ التدابير الأمنية المناسبة (appropriate to) أو الملائمة (proportionate to) للمخاطر التي يواجهونها. وتنص المادة الـ٣٢ لـ"النظام الأوروبي العام لحماية البيانات" (GDPR) الذي تم اعتماده أيضا في عام ٢٠١٦ على التزامات الحماية الأمنية لمراقبي البيانات الشخصية: مع مراعاة "السماة الأساسية للبيانات" وأحدث إجراءات حماية الأمن وتكاليف تنفيذ هذه الإجراءات، يجب على مراقبي البيانات الشخصية اتخاذ التدابير التقنية وإجراءات الإدارة المناسبة للتعامل مع مخاطر الأمن التي يواجهونها.

في الواقع، قد أشار كثير من الخبراء والباحثين إلى أنه على الرغم من وجود الاختلافات الواضحة بين الولايات المحتدة ودول الاتحاد الأوروبي في النظام القانوني، ولكن تدابير (approaches) الطرفين للتعامل مع قضية الأمن السيبراني أصبحت مماثلة تدريجيا، أي تكون إدارة المخاطر جوهر التدابير وتحث المشغلين على تعديل إجراءاتهم لحماية الأمن حسب مخاطر الشبكات المتغيرة.

كان الرئيس الأمريكي السابق باراك أوباما أشار في ديسمبر عام ٢٠١٦ في تقريره أمام الهيئة الوطنية الأمريكية للأمن السيبراني إلى أنه: أصبحت الأنظمة السيبرانية والفيزيائية العالمية (cyber and physical systems) متقاربة ومترابطة ومتواصلة على نحو متزائد وتجاوزت الحدود الوطنية، هذا يعني أن تحقيق الأمن السيبراني يحتاج إلى التنسيق على جميع المستويات، بما في ذلك الدولية والوطنية والتنظيمية والفردية. ويعد ظهور فيروسات WannaCry وNotPetya في الآونة الأخيرة أفضل مثال على ذلك. وبعد أن تحدد "اللوائح" إدارة المخاطر كتوجيه لتنسيق أعمال حماية البنية التحتية الحيوية للمعلومات الرئيسية، لدى الصين والولايات المتحدة والدول الأوروبية أساس مشترك لتعزيز التعاون الدولي في مجال حماية البنية التحتية الحيوية للمعلومات الرئيسية.

باختصار، تركز حماية البنية التحتية الحيوية للمعلومات الرئيسية على تنفيذ "الحماية الرئيسية" على أساس نظام حماية الأمن السيبراني على مختلف المستويات. لم تطرح فقط التزامات حماية أمن جديدة لمشغلي البنية التحتية الحيوية للمعلومات الرئيسية، بل من الأهم أنها تتطلب هيئات معلومات الشبكات الوطنية وإدارات أعمال الحماية من أخذ زمام المبادرة لإدراك حالات المخاطر وقيادة أعمال الحماية المحددة. وتهدف حماية البنية التحتية الحيوية للمعلومات الرئيسية إلى تشكيل نظام حماية أمن يتطور باستمرار وتكون إدارة المخاطر نواته وتترابط الأطراف المختلفة فيه ارتباطا وثيقا، وذلك من أجل التعامل بشكل أفضل مع الوضع الأمني المتزائد الخطورة في الفضاء السيبراني وحماية الأمن القومي والاقتصاد الوطني ومعيشة الشعب والمصالح العامة بشكل فعال.

٤. ما هو الهدف لنص "اللوائح" على إجراء عمليات مراجعة الأمن لمنتجات وخدمات الشبكة؟

تنص المادة الـ١٩ لـ "اللوائح" على أنه إذا كانت منتجات وخدمات الشبكة التي اشتراها مشغلو البنية التحتية الحيوية للمعلومات الرئيسية قد تؤثر على الأمن القومي، يجب إجراء عمليات مراجعة الأمن لهذه المنتجات والخدمات وفقا للأحكام الوطنية المتعلقة بالأمن السيبراني. وفي هذا الصدد، كانت بعض الدول الأخرى وأوساط الصين المحلية لديها سوء الفهم حتى سوء التفسير. ومع إصدار "قانون الأمن القومي" و"قانون الأمن السيبراني" و"الاستراتيجية الوطنية لأمن الفضاء الإلكتروني" وغيرها من القوانين والاستراتيجيات وتعديل "تدابير مراجعة أمن منتجات وخدمات الشبكة" (المشار إليها فيما يلي باسم "التدابير") و"تدابير مراجعة الأمن السيبراني" (المسودة)، أصبحت القيم والهدف والإطار المؤسسي لمراجعة الأمن السيبراني في الصين أكثر وضوحا.

أولا، إن قيم مراجعة الأمن السيبراني هي الحفاظ على الأمن القومي. ووفقا لأحكام المادة الـ٥٩ لـ"قانون

إقامة مراسم إطلاق أنشطة طلاب الجامعات الصينيين لحماية الأمن السيبراني في مدينة شيأن بمقاطعة شانشي في ٢٣ يوليو عام ٢٠١٨. وسوف يتوجه طلاب الجامعات المتطوعون إلى جميع أنحاء البلاد لترويج "قانون الأمن السيبراني" ويدعون إلى تعزيز الوعي بالأمن السيبراني وتحسين مهارات الأمن السيبراني وحماية الأمن السيبراني بشكل مشترك.

الأمن القومي"، في مجال تكنولوجيا البيانات، تستهدف أعمال مراجعة الأمن القومي إلى الأشياء والأنشطة التي "تؤثر على الأمن القومي أو قد تؤثر عليه"، بما في ذلك منتجات وخدمات تكنولوجيا معلومات الشبكة، وذلك من أجل "الوقاية من مخاطر الأمن القومي وحلها بشكل فعال". وتنص المادة الـ٣٥ لـ"قانون الأمن السيبراني" على أنه "إذا كانت منتجات وخدمات الشبكة التي اشتراها مشغلو البنية التحتية الحيوية للمعلومات الرئيسية قد تؤثر على الأمن القومي"، يجب عليها التحقيق في أعمال مراجعة الأمن القومي التي نظمتها هيئات معلومات الشبكة الوطنية وأجهزة مجلس الدولة الصيني.

مثل ما ينصه القانونان المذكور أعلاهما، طرحت "الاستراتيجية الوطنية لأمن الفضاء الإلكتروني" في الفصل "حماية البنية التحتية الحيوية للمعلومات الرئيسية" إلى "تأسيس وتنفيذ نظام مراجعة أمن سيبراني" بالنسبة إلى "منتجات وخدمات تكنولوجيا البيانات المهمة التي تشتريها وتستخدمها الأجهزة الحكومية والحزبية والصناعات الرئيسية". وبالنسبة إلى البنية التحتية التي قد تلحق أضرارا بالأمن القومي والاقتصاد الوطني ومعيشة الشعب في حالة التعرض لتدمير أو فقدان الوظائف أو تسرب البيانات، أوضحت الاستراتيجية أنها تعتبر من البنية التحتية الحيوية للمعلومات الرئيسية.

لذلك، من خلال تلخيص "تدابير مراجعة أمن منتجات وخدمات الشبكة" التي تعمل بشكل فعال في الوقت الحالي، يمكن ملاحظة أن قيم مراجعة الأمن السيبراني تتمثل في تفعيل قوة وإلزامية السلطة العامة للبلاد وحماية المصالح السيادية والأمنية والإنمائية للبلاد والمجتمع. وبعد إصدار "التدابير"، شهدت مفاهيم "قانون الأمن القومي" و"قانون الأمن السيبراني" و"الاستراتيجية الوطنية لأمن الفضاء الإلكتروني" تنفيذا فعالا.

ثانيا، إن هدف مراجعة الأمن السيبراني هو ضمان وضع الأمن تحت السيطرة. وباعتباره نظاما هاما يركز على الأمن القومي، لدى مراجعة الأمن السيبراني مستهدف واضع – "منتجات وخدمات الشبكة المستخدمة في أنظمة البيانات المتعلقة بالأمن القومي والمصالح العامة"، وتهدف مراجعة الأمن السيبراني إلى "تحسين مستوى ضمان وضع الأمن تحت السيطرة لمنتجات وخدمات الشبكة والوقاية من مخاطر أمان سلسلة التوريد". وبالنسبة إلى "وضع الأمن تحت السيطرة" و"مخاطر أمان سلسلة التوريد"، يمكن فهمهما من الجانبين "ليس هو" و"ما هو" فيما يلي:

الجانب الأول هو الاختلاف عن وظائف العمل. وليست مراجعة الأمن السيبراني الأعمال المتعلقة بتفتيش وتقييم وظائف المنتجات والخدمات، بل هي مراجعة ما إذا كان مستهدف يتخذ بعض الإجراءات الاختيارية وما إذا كان وجود إمكانية التعديل أو التدخل أو المقاطعة بطريقة غير قانونية في عملية إخراج الوظائف (أي الإجراءات المحددة). وبعبارات أعم، يجب أن تكون المنتجات والخدمات التي تؤثر على الأمن القومي أو قد تؤثر عليه "موالية

تماما للمستخدم". أما فيما يتعلق بوظيفة وأداء المنتجات والخدمات ذاتها، فليس هذا هو محور مراجعة الأمان.

الجانب الثاني هو المحتويات الرئيسية لوضع الأمن تحت السيطرة. وفي هذا الصدد، تذكر المادة الرابعة لـ "التدابير" أربعة مخاطر تركز عليها المراجعة: الاستقرار (مخاطر التعرض للرقابة غير القانونية والتعطيل والانقطاع بشكل غير قانوني)، وأمن سلسلة التوريد (المخاطر في عمليات البحث والتطوير والتسليم والدعم الفني)، وتمتع المستخدمين بحرية التحكم في معلوماتهم (مخاطر جمع وتخزين ومعالجة واستخدام البيانات المتعلقة بالمستخدمين باستخدام تسهيلات توفير المنتجات والخدمات)، واستقلال المستخدم (مخاطر تنفيذ منافسة غير عادلة أو ترك الأضرار بمصالح المستخدمين باستغلال اعتماد المستخدمين على المنتجات والخدمات).

بالطبع، يجب أن تتطور محتويات ضمان الأمن تحت السيطرة مع تغير الوضع، وأوضحت الفقرة الأخيرة للمادة الرابعة هذه الإمكانية.

دعونا نأخذ مثالا على ذلك، يجب اختبار شخص في وظيفة مهمة من ثلاثة جوانب: الأول هو القدرة، ويمكن حل هذه القضية عن طريق التحقيق في المؤهلات، الثاني هو الصحة، ويمكن حلها من خلال الفحص الطبي المنتظم، والثالث هو الولاء، ويمكن حله من خلال مراجعة خلفية الشخص والتحليل المستمر لسلوكه (UBA, user behavior analysis).

وينطبق الشيء نفسه على منتجات وخدمات الشبكة الحيوية: أولا، يتم حل قضية وظائف المنتجات والخدمات من خلال أعمال التقييم وتوزيع الشهادات. ثانيا، يتم تحسين القدرة على التشغيل المستمر للمنتجات والخدمات من خلال عمليات الفحص الأمني. ثالثا، مصداقية المنتجات والخدمات. وفي الوقت الحاضر، هذا هو الجزء الذي يجب حله في عملية مراجعة الأمن السيبراني في الصين.

ثالثا، يدعو الإطار المؤسسي لمراجعة الأمن السيبراني مختلف الأطراف إلى المشاركة فيه. وأشار الأمين العام شي جين بينغ في ندوة الأعمال حول الأمن السيبراني والمعلوماتية في ١٩ من أبريل عام ٢٠١٦ إلى أن "تعزيز الأمن السيبراني من أجل مصالح الشعب، وتعزيز الأمن السيبراني يعتمد على الشعب". وتنص المادة التاسعة لـ"قانون الأمن القومي" على أنه "للحفاظ على الأمن القومي، يجب التمسك بمبادئ وضع الوقاية في المقام الأول وعلاج الأسباب السطحية والجذرية معا والجمع بين الأعمال الخاصة والخط الجماهيري وتفعيل دور الأجهزة الخاصة والأجهزة الحكومية المعنية الأخرى في حماية الأمن القومي بشكل كامل وتعبئة المواطنين والمنظمات على نطاق واسع وقاية وإيقاف ومعاقبة الأفعال التي تهدد الأمن القومي بشكل شرعي." لذلك، فإن مراجعة الأمن السيبراني ليست عملا تقوم به إدارة واحدة بمفردها، بل تعتبر مسؤولية للجميع. وعلى وجه التحديد، تنعكس خصائص المشاركة

المتعددة الأطراف في أعمال مراجعة الأمن السيبراني في الجوانب التالية:

تحتمل لجنة مراجعة الأمن السيبراني عن تنظيم وقيادة أعمال مراجعة الأمن السيبراني، أنشأتها إدارة الفضاء الإلكتروني الصينية والإدارات الأخرى ذات الصلة. وشكلت اللجنة مكتب مراجعة الأمن السيبراني. وبالإضافة إلى ذلك، أنشأت اللجنة أيضا لجنة خبراء مراجعة الأمن السيبراني. وتقوم لجنة مراجعة الأمن السيبراني ومكتب مراجعة الأمن السيبراني ولجنة خبراء مراجعة الأمن السيبراني معا بأعمال مراجعة الأمن السيبراني في الصين. وتنص المادة الثامنة لـ"التدابير" على أشكال مختلفة لإطلاق أعمال المراجعة مثل تقديم الطلب من قبل الشركات وتقديم الطلب من قبل الإدارات والأجهزة المعنية حسب سلطاتها وتوصيات الجمعيات الصناعية الوطنية واحتياجات السوق العامة. وأثناء عملية المراجعة، تقدم مؤسسات مستقلة تقييمات مستقلة، ويقوم الخبراء بتقييم شامل استنادا إلى تقييمات المؤسسات المستقلة ويقدمه إلى لجنة مراجعة الأمن السيبراني لتكوين نتيجة المراجعة النهائية.

في ٢٤ من مايو عام ٢٠١٩، أصدرت المكتب الوطني الصيني لمعلومات الإنترنت "تدابير مراجعة الأمن السيبراني" (المسودة). وعلى أساس "تدابير مراجعة أمن منتجات وخدمات الشبكة"، طرحت متطلبات مراجعة جديدة للحفاظ على أمن سلسلة التوريد. وفي الوقت الحالي، أكملت المكتب الوطني الصيني لمعلومات الإنترنت عمل الاستماع إلى الآراء بشكل علني حول هذه المسودة، وتقوم حاليا بتعديل المسودة. وبمجرد إصدار "تدابير مراجعة الأمن السيبراني" بشكل رسمي، ستحل رسميا محل "تدابير مراجعة أمن منتجات وخدمات الشبكة".

باختصار، تكون أعمال الصين في تحديد الصناعات والقطاعات التي تغطيها البنية التحتية الحيوية للمعلومات الرئيسية ومعاييرها لتعريف البنية التحتية الحيوية للمعلومات الرئيسية تتوافق مع الممارسات الدولية. وبالإضافة إلى ذلك، يشمل نظام حماية أمن البنية التحتية الحيوية للمعلومات الرئيسية في الصين على جزءين رئيسيين: الجزء الأول هو نظام حماية الأمن السيبراني على مختلف المستويات، يهدف بشكل أساسي إلى تحديد التدابير الأمنية للشبكات على مختلف المستويات حسب أهمية الوصول؛ الجزء الثاني هو كشف وتقييم ومراقبة إدارة المخاطر الأمنية الديناميكية التي أبرزتها "اللوائح". وتعمل الصين على تنفيذ نظام حماية الأمن السيبراني على مختلف المستويات اختلافا عن ما فعلته الولايات المتحدة والدول الأوروبية، وذلك لأن مشغلي الشبكات في الصين لديهم أضعف القدرات الأمنية وأقل الخبرات في تطبيق حماية الأمن السيبراني، وهناك حاجة ملحة لتحسين مستوى حماية الأمن لمشغلي الشبكات. وبعد تحسين القدرات الأساسية على حماية الأمن السيبراني، يمكن لمشغلي البنية التحتية الحيوية للمعلومات الرئيسية تحسين وتعديل استراتيجيات حماية الأمن السيبراني الخاصة بهم وفقا لمفهوم إدارة المخاطر الديناميكية.

الفصل الثاني
حماية أمن البيانات

"أصبحت البيانات موردا أساسيا وطنيا استراتيجيا"، هذا هو التوافق المشترك للوثيقتين الأساسيتين اللتين ترشدان التنمية الاقتصادية والاجتماعية المستقبلية في الصين -- "الخطوط العريضة لتعزيز تطور البيانات الضخمة" و"الخطة الخمسية الثالثة عشرة". وأشارت "الخطوط العريضة لتعزيز تطور البيانات الضخمة" أيضا إلى أن "البيانات الضخمة تترك تأثيرا مهما على نحو متزائد على الإنتاج والتداول والتوزيع والأنشطة الاستهلاكية وآليات الأداء الاقتصادي ونمط الحياة الاجتماعية وقدرة الحوكمة الوطنية في أنحاء العالم".

في الواقع، في الوثائق الصادرة عن مجلس الدولة الصيني والإدارات الحكومية المختلفة، فقط البيانات (أو البيانات الضخمة) والملفات يمكن اعتبارها "موارد استراتيجية أساسية". أما الأراضي والمراعي والترب النادرة والنفط والغاز الطبيعي والأغذية والمياه والغابات والمعادن والفحم، فتعتبر "موارد استراتيجية". وحرفيا، إن إضافة كلمة "أساسية" تعني أكثر أهمية بشكل طبيعي. وهذا يعكس أيضا الأهمية الكبيرة التي توليها الصين حزبا وحكومة بالبيانات وفهمها العميق لدور البيانات. وفي نفس الوقت، تسلط هذه المقارنة الضوء على حقيقة خطيرة: لقد أنشأت الصين نظاما ناضجا نسبيا لحماية الموارد الاستراتيجية مثل الترب النادرة والنفط والغاز الطبيعي والمعادن والغابات. وفي المقابل، من الواضح أن الصين لم تشكل بعد نظام حماية كاملا وعلميا يتوافق مع أهمية موارد البيانات.

أكد الأمين العام شي جين بينغ مرارا وتكرارا في العديد من المناسبات أن "الأمن السيبراني والمعلوماتية هما مثل جناحين لطائرة وعجلتين لمحرك، ويجب تخطيطهما وترتيبهما وتطويرهما وتنفيذهما

افتتاح معرض الصين الدولي لصناعة البيانات الضخمة في مدينة قوييانغ في ٢٦ من مايو عام ٢٠١٨.

بشكل موحد. وخلال الدراسة الجماعية الثانية لأعضاء المكتب السياسي للجنة المركزية للحزب الشيوعي الصيني، أكد الأمين العام شي جين بينغ على "تعزيز قدرات البلاد على حماية موارد البيانات الرئيسية". لذلك، وفقا لمتطلبات "الخطة الخمسية الثالثة عشرة"، "عند التنفيذ الكامل للعمل المتمثل في تعزيز تطور البيانات الضخمة، وتسريع تقاسم البيانات وتطوير التطبيقات الإلكترونية المعنية، ودعم التحول والترقية الصناعية وابتكار الحوكمة الاجتماعية"، أصبحت الحماية الفعالة للبيانات التي تعد الموارد الاستراتيجية الوطنية الأساسية أولوية قصوى لحكومتنا.

مع التنفيذ الرسمي لـ "قانون الأمن السيبراني" في أول يونيو عام ٢٠١٧، أصبح الإطار الأساسي لأعمال الأمن السيبراني والمهام والمتطلبات الرئيسية لأعمال الأمن السيبراني في الصين أكثر وضوحا. وبالنسبة إلى حماية البيانات، تنص المادة الـ٣٧ لـ "قانون الأمن السيبراني" بشكل متميز على تنفيذ نظام تقييم أمان نقل البيانات الشخصية والبيانات المهمة عبر الحدود. وفي هذا الفصل، سنركز على كيفية فهم هذا الابتكار المؤسسي، وأهمية كبيرة لتنفيذ هذا النظام لحماية موارد البيانات في الصين.

ا. ما هو التصميم العام الذي ينص "قانون الأمن السيبراني" عليه في حماية البيانات؟

وفقا لأحكام "قانون الأمن السيبراني" المتعلقة بحماية البيانات، يمكن تقسيم أعمال حماية الأمن إلى ثلاثة مستويات، كما هو مبين في الجدول التالي.

المادة	المستوى
المادة الـ١٠: "حماية نزاهة البيانات وسريتها وتوافرها"	
المادة الـ٢١: "منع تسرب بيانات الشبكة أو سرقتها والعبث بها"	
المادة الـ٢٧: "لا يجوز توفير البرامج والأدوات المستخدمة في سرقة بيانات الشبكة وغيرها من الأنشطة التي تهدد الأمن السيبراني"	أمن البيانات
المادة الـ٣١: "البنية التحتية الحيوية للمعلومات الرئيسية التي قد تؤثر على الأمن القومي والاقتصاد الوطني ومعيشة الشعب والمصالح العامة تأثيرا سلبيا خطيرا في حالة التعرض لضرر أو فقدان الوظائف أو تسرب البيانات"	
من المادة الـ٤٠ إلى المادة الـ٤٤	حماية البيانات الشخصية
المادة الـ٣٧: "يجب تخزين البيانات الشخصية والبيانات الهامة التي تم جمعها وتوليدها من قبل مشغلي البنية التحتية الحيوية للمعلومات الرئيسية داخل أراضي جمهورية الصين الشعبية"	
المادة الـ٥١: يجب على هيئات معلومات الشبكة الوطنية التنسيق مع الإدارات الأخرى المعنية لتعزيز أعمال جمع وتحليل وإبلاغ معلومات الأمن السيبراني"	حماية البيانات على المستوى الوطني
المادة الـ٥٢: "يجب على الإدارات المسؤولة عن أعمال حماية أمن البنية التحتية الحيوية للمعلومات الرئيسية الإبلاغ عن معلومات مراقبة الأمن السيبراني وتقديم التحذير المبكر وفقا للوائح"	

أولا، تنص المادة الـ١٠ للأحكام العامة في "قانون الأمن السيبراني" بوضوح على حماية نزاهة البيانات وسريتها وتوافرها، أي ما يعرف باسم "النزاهة والسرية والتوافر" في أمن البيانات التقليدي. وتنص المادة الـ٢١ على واجبات مشغلي الشبكات لحماية الأمن السيبراني (بما في ذلك مشغلي البنية التحتية الحيوية للمعلومات الرئيسية) وتطرح بوضوح متطلبات "منع تسرب بيانات الشبكة أو سرقتها أو العبث بها". وتحدد المادة الـ٣١ نطاق البنية التحتية الحيوية للمعلومات الرئيسية من منظور الضرر المحتمل الناجم عن تسرب البيانات.

ثانيا، فيما يتعلق بحماية البيانات الشخصية، فإن "قانون الأمن السيبراني" لا يرث فقط الأحكام الرئيسية لقوانين الصين المتعلقة بحماية البيانات الشخصية، بل يضيف بشكل مبتكر بعض الأحكام وفقا لخصائص العصر الجديد ومتطلبات التنمية ومفاهيم الحماية. وعلى سبيل المثال، تحدد المادة الـ٤٠ بوضوح أن مشغلي الشبكات الذين يجمعون ويستخدمون البيانات الشخصية هم مسؤولون عن حماية البيانات الشخصية؛ وتضيف المادة الـ٤١ مبدأ الحد الأدنى الكافي؛ وتضيف المادة الـ٤٢ شروطا تقاسم البيانات الشخصية؛ وتنص المادة الـ٤٣ على حق الأفراد في حذف وتصحيح بياناتهم الشخصية في ظروف معينة؛ وتعطي المادة الـ٤٤ لأول مرة إمكانية شرعية لتجارة البيانات الشخصية. ويمكن القول إن المواد الخمس المتعلقة بالبيانات الشخصية تركز على حماية استقلالية وحرية الأفراد لاستخدام معلوماتهم الشخصية، وتمت إضافة العناصر المبتكرة في كل هذه المواد الخمس، مما جعلها تتماشي مع القواعد الدولية القائمة وتشريعات الولايات المتحدة والدول الأوروبية في حماية البيانات الشخصية من حيث المفاهيم والمبادئ.

أخيرا، حماية البيانات على المستوى الوطني. وتحدد المادة الـ٥١ والمادة الـ٥٢ المتطلبات الخاصة بمعلومات الأمن السيبراني، حيث تطلب من هيئات معلومات الشبكة الوطنية والإدارات الأخرى المعنية تعزيز جمع معلومات الأمن السيبراني وتطلب من الإدارات المسؤولة عن أعمال حماية أمن البنية التحتية الحيوية للمعلومات الرئيسية الإبلاغ عن معلومات الأمن السيبراني في الوقت المناسب. وهذا يعني أن "قانون الأمن السيبراني" يمنح الإدارات الوطنية المعنية حقا في جمع وتحليل معلومات الأمن السيبراني التي تعد البيانات المهمة، بما في ذلك معلومات الأمن السيبراني التي تملكها القطاعات الخاصة. وتطلب المادة الـ٣٧ من مشغلي البنية التحتية الحيوية للمعلومات الرئيسية تخزين البيانات الشخصية والبيانات المهمة التي جمعوها وأنتجوها داخل الصين، وإذا أرادوا نقل هذه البيانات الشخصية والبيانات المهمة إلى خارج البلاد، يجب الخضع أولا في عملية تقييم الأمان.

باختصار، يمكن تلخيص متطلبات "قانون الأمن السيبراني" لحماية أمن البيانات فيما يلي:

أمن البيانات = النزاهة + السرية + التوافر.

حماية البيانات الشخصية = أمن البيانات + المبادئ الأساسية لجمع واستخدام البيانات الشخصية (شرعي وعادل وضروري ومنفتح وشفاف وغيرها) + حق الأفراد في الحذف والتصحيح لبياناتهم الشخصية

حماية أمن البيانات على المستوى الوطني = أمن البيانات + الحق في استخدام البيانات المهمة + تقييم الأمن لنقل البيانات عبر الحدود

٢. ما هي متطلبات حماية البيانات الشخصية في "قانون الأمن السيبراني"؟

في الوقت الحاضر، أسهمت موجة من ثورة البيانات والانتشار السريع للرقمنة في تكامل أنشطة إنتاج الناس وحياتهم مع شبكة الإنترنت بشكل أعمق. ومع تطور شبكة الإنترنت بسرعة، لا يقتصر تسجيل البيانات الشخصية على الورق، بل يمكن تسجيلها ونقلها وتخزينها واستخدامها عبر الإنترنت بكمية هائلة. وبعد عملية الرقمنة، لا تزال البيانات الشخصية تحتفظ بالقدرة على "تعريف أفراد محددين بشكل فردي أو من خلال التعاون مع البيانات الأخرى"، وفي الوقت نفسه، أصبحت قيمتها تتطور على نحو متزائد بفضل دعم الكمبيوتر الحديث وقدرتها على

توقيع اتفاقية تعاون بين جامعة قوانغتشو ومنطقة هوانغ بو ومنطقة التنمية لمدينة قوانغتشو في ١٦ من يناير عام ٢٠١٨ حول إنشاء معهد لأمن البيانات وقاعدة حاضنة تكنولوجية لأمن البيانات.

التخزين. وعلى الصعيد العالمي، قد أصبحت البيانات الشخصية واحدة من أهم العناصر الأساسية في تحسين الكفاءة وتعزيز الابتكار في الاقتصاد الرقمي.

مع تطور عملية الرقمنة للمعلومات الشخصية، استهدفت العديد من عصابات الجرائم الإلكترونية المحلية والأجنبية إلى البيانات الشخصية، وسرقت مئات الملايين من البيانات الشخصية، ومارست تجارة غير شرعية لتداول البيانات الشخصية. واستغلت علاقات وثيقة بين البيانات الشخصية والأفراد المحددين لارتكاب الجرائم، مثل الاحتيال المالي الدقيق القائم على البيانات الشخصية. وبالإضافة إلى ذلك، تسبب سوء استخدام هوية شخصية على شبكة الإنترنت في خسائر اقتصادية لا تحصى. وفي الآونة الأخيرة، حدثت بعض المآسي مثل "قضية شوي يوي يوي" التي أدت إلى الجرح والوفاة بسبب تسرب البيانات الشخصية. ولقد بدت هذه ناقوس الإنذار لنا.

في الوقت الحالي، يجب تحسين الوضع الراهن لحماية البيانات الشخصية في الصين. وفي عام ٢٠١٤ وحده، كانت هناك حوادث تسرب البيانات في العديد من شركات التجارة الإلكترونية الشهيرة وشركات التوصيل السريع ومواقع التوظيف الإلكترونية والمواقع الإلكترونية لتسجيل معلومات المشاركة في الامتحانات في الصين، من بينها، بسبب وجود الثغرة في إدارة معلومات المستخدمين، تسربت البيانات الشخصية لـ٨ ملايين مستخدم في منتدى لإحدى شركات الهواتف النقالة المشهورة، والتي تشمل رقم الحساب وكلمة المرور وحساب منصات التواصل الاجتماعي. وأظهر "استعراض الوضع الأمني لشبكة الإنترنت في الصين عام ٢٠١٥" أن الصين شهدت حوادث تسرب البيانات الخطيرة في هذا العام، مثل تسرب البيانات لنحو ١٠٠ ألف طالب شارك في امتحان قبول الجامعات وتسرب البيانات لنحو ٦ ملايين مستخدم في أحد المواقع الإلكترونية لبيع التذاكر.

في كلمة ١٩ من أبريل عام ٢٠١٦، قدم الأمين العام شي جين بينغ شرحا منهجيا للقضايا الرئيسية الست المتعلقة بعمل الشبكة، وطرح فكرة تطوير معلومات الشبكة المتمثلة في "وضع الشعب في المقام الأول"، وأشار إلى أن "تعزيز الأمن السيبراني من أجل مصالح الشعب، وتعزيز الأمن السيبراني يعتمد على الشعب". ومن الواضح أن هناك فجوة واضحة بين الواقع والمتطلبات التي طرحها الأمين العام. وإذا لم يتم تحسين الحالات السيئة مثل زيارة واستخدام وكشف وتدمير وتعديل البيانات الشخصية بدون إذن، فإن الفضاء الإلكتروني لا يزال مليئا بالأشواك والفخاخ. وإذا لا يمكن لأبناء الشعب زيارة الإنترنت بشكل أمني، كيف يمكن لشبكة الإنترنت أن تصبح مساحة جديدة لتعلم وعمل وعيش الناس ومنصة جديدة لحصول الناس على الخدمات العامة؟

في هذا الصدد، طرح الباب الرابع "أمن معلومات الشبكة" لـ"قانون الأمن السيبراني" متطلبات تفصيلية بشأن معالجة المعلومات الشخصية من قبل مشغلي الشبكات، وهناك الخصائص والابتكارات الخمسة في هذا

من أبريل إلى مايو عام ٢٠١٨، أطلقت شرطة مقاطعة قوانغدونغ حملة "تنظيف شبكة الإنترنت"، وخلال الحملة، دمرت الشرطة أكثر من ٤٠ عصابة إجرامية واستولت على أكثر من ١٢٠ مليون من البيانات الشخصية المكتسبة بشكل غير قانوني.

المجال:

أولا، يعد "قانون الأمن السيبراني" الأحكام الموثوقة الأكثر شمولا لحماية البيانات الشخصية في الصين. وفي الوقت الحاضر، لم تضع الصين بعد قانونا موحدا لحماية البيانات الشخصية. وقبل إصدار "قانون الأمن السيبراني"، كان أهم قانون لحماية البيانات الشخصية هو قرار اللجنة الدائمة للمجلس الوطني لنواب الشعب الصيني بشأن تعزيز حماية معلومات الشبكة الذي صدر في عام ٢٠١٢، وقرار اللجنة الدائمة للمجلس الوطني لنواب الشعب الصيني بشأن تعديل "قانون جمهورية الصين الشعبية لحماية مصالح المستهلكين" التي صدر في عام ٢٠١٣، والقانون الجنائي المعدل (السابع) المعتمد في عام ٢٠٠٩ والقانون الجنائي المعدل (التاسع) المعتمد في عام ٢٠١٥.

لا يرث "قانون الأمن السيبراني" الأحكام الرئيسية للقوانين المذكور أعلاها بشأن حماية البيانات الشخصية فحسب، بل يضيف أيضا بعض الأحكام بشكل مبتكر وفقا لخصائص العصر الجديد واحتياجات التنمية ومفاهيم الحماية. على سبيل المثال، مبدأ الحد الأدنى الكافي ("لا يجوز لمشغلي الشبكات جمع البيانات الشخصية غير

المرتبطة بالخدمات التي يقدمونها")، وشروط تقاسم البيانات الشخصية ("لا يجوز تقديم البيانات الشخصية للآخرين دون موافقة الأشخاص الذين جمعوا هذه البيانات باستثناء البيانات التي لا يمكن تحديد هوية فرد معين من خلالها بعد المعالجة الخاصة ولا يمكن استردادها")، وحق الأفراد في البيانات ("إذا وجد شخص أن مشغل الشبكة يجمع ويستخدم بياناته الشخصية بشكل ينتهك القوانين وأو اللوائح الإدارية أو اتفاقية الطرفين، يحق له في مطالبة مشغل الشبكة بحذف بياناته الشخصية؛ وإذا وجد الأخطاء في بياناته الشخصية التي جمعها وخزنها مشغل الشبكة، يحق له في مطالبة مشغل الشبكة بتصحيح الأخطاء. ويجب على مشغل الشبكة اتخاذ التدابير لخذفها أو تصحيحها").

ثانيا، يوضح "قانون الأمن السيبراني" من يتحمل المسؤولية عن حماية البيانات الشخصية. وينص الباب الرابع "أمن معلومات الشبكة" لـ"قانون الأمن السيبراني" بشكل واضح على المبدأ الأساسي المتمثل في "من جمع البيانات، يتحمل المسؤولية"، ويحدد أن مشغلي الشبكات الذين يجمعون ويستخدمون البيانات الشخصية هم مسؤولون عن حماية البيانات الشخصية. وينص القانون على أنه: "يجب على مشغلي الشبكات الحفاظ على سرية بيانات المستخدمين التي يقومون بجمعها وإنشاء نظام سليم لحماية بيانات المستخدمين". ووفقا لهذه الأحكام، يكون مشغلو الشبكة الذين يجمعون ويستخدمون البيانات الشخصية هم مسؤولون رئيسيون عن منع بيع البيانات الشخصية من قبل موظفيهم ومنع تسرب البيانات الناجم عن تدمير النظام. ومن خلال تحديد المسؤوليات بوضوح، يمكن تجنب ظهور حالة "عدم وجود شخص يتحمل المسؤولية" بعد أن يؤدي تسرب البيانات الشخصية إلى عواقب وخيمة من جهة، ومن جهة أخرى، يمكن أن يجبر مشغلي الشبكات على الاهتمام بحماية البيانات الشخصية التي يملكونها.

ثالثا، يتوافق "قانون الأمن السيبراني" مع المفاهيم الدولية المتقدمة. وبشكل عام، تتوافق أحكام "قانون الأمن السيبراني" بشأن حماية البيانات الشخصية مع القواعد الدولية الحالية والتشريعات المتعلقة بحماية البيانات الشخصية في الولايات المتحدة وأوروبا. وفي الوقت الحالي، تشمل الوثائق القانونية الرئيسية الدولية لحماية البيانات الشخصية على إطار عمل الخصوصية لمنظمة التعاون الاقتصادي والتنمية وإطار عمل الخصوصية لمنتدى التعاون الاقتصادي لدول آسيا والمحيط الهادي والنظام الأوروبي العام لحماية البيانات (General Data Protection Regulation) واتفاقية "درع الخصوصية الأوروبية الأمريكية" (Privacy Shield) وقانون خصوصية المستهلك (Consumer Privacy Bill of Rights Act of ٢٠١٥) في الولايات المتحدة. وبناء على هذه التشريعات، يمكن استخلاص المبادئ الأساسية لحماية البيانات الشخصية، بما في ذلك مبدأ الهدف

الواضح ومبدأ الموافقة والاختيار ومبدأ الحد الأدنى الكافي ومبدأ الانفتاح والشفافية ومبدأ ضمان الجودة ومبدأ ضمان الأمن ومبدأ المشاركة ومبدأ المسؤولية الواضحة ومبدأ تقييد الكشف.

تنعكس كل هذه المبادئ في "قانون أمن السيبراني". على سبيل المثال، يعني مبدأ الانفتاح والشفافية أنه يجب الإعلان عن غرض جمع أو استخدام البيانات الشخصية ونطاق جمع واستخدام البيانات الشخصية وتدابير حماية البيانات الشخصية وغيرها من المعلومات عن طريق واضح ومفهوم ومعقول، ويجب خضع جميع هذه الحلقات في الرقابة العامة. ويتجسد هذا المبدأ في أحكام "قانون الأمن السيبراني": يجب على مشغلي الشبكات الإعلان عن قواعد جمع واستخدام البيانات وتوضيح غرض وطريقة ونطاق جمع واستخدام البيانات." ومقارنة بالقوانين القائمة في الصين، يمنح "قانون الأمن السيبراني" الأفراد الحق في طلب خذف وتصحيح بياناتهم الشخصية بموجب شروط معينة.

رابعا، يحقق "قانون الأمن السيبراني" توازنا بين حماية المعلومات الشخصية واستخدامها. وفي عصر البيانات الضخمة والحوسبة السحابية، لا يمكن تعظيم قيمة البيانات الشخصية وغيرها من المعلومات إلا من خلال التنقل والتقاسم والتداول. ولكن، في عملية تنقل وتداول المعلومات، قد فقد الأفراد والمنظمات والمؤسسات التي تجمع وتستخدم البيانات الشخصية قدرة السيطرة على هذه البيانات الشخصية، مما أدى إلى انتشار البيانات الشخصية خارج السيطرة. لذا، أصبحت كيفية تحقيق التوازن بين الاثنين واحدة من التحديات الهامة في حماية البيانات الشخصية في العصر الجديد.

في هذا الصدد، يمنح "قانون الأمن السيبراني" إمكانية شرعية لتجارة البيانات الشخصية. ويعد هذا تقدما كبيرا. وينص "قرار اللجنة الدائمة للمجلس الوطني لنواب الشعب الصيني بشأن تعزيز حماية معلومات الشبكة" على "عدم إمكانية بيع البيانات الشخصية للمواطنين". ولكن ينص "قانون الأمن السيبراني" على أنه "لا يجوز بيع البيانات الشخصية للمواطنين بشكل غير قانوني". وبمعنى آخر، وفقا لأحكام "قانون الأمن السيبراني"، من الممكن بيع البيانات الشخصية للمواطنين في ظروف معينة، وبلا شك، يعطي هذا إمكانية تجارة البيانات الشخصية بشكل شرعي، ويوفر مساحة لتطوير صناعة البيانات الضخمة في الصين. وبالطبع، يجب صياغة شروط التجارة الشرعية للبيانات الضخمة في الوقت اللاحق.

كما ينص "قانون الأمن السيبراني" على الظروف الشرعية لتوفير البيانات الشخصية، ويعد هذا ابتكارا مهما أيضا. حيث ذكر القانون أنه "لا يجوز تقديم البيانات الشخصية للآخرين دون موافقة المجمع. باستثناء البيانات التي لا يمكن تحديد هوية فرد معين من خلالها بعد المعالجة الخاصة ولا يمكن استردادها". وبموجب هذه الأحكام،

يمكن تقديم البيانات الشخصية بشكل قانوني في حالتين على الأقل: الحالة الأولى هي موافقة الأشخاص الذين تم جمع معلوماتهم؛ الثانية هي معالجة البيانات الشخصية لجعلها مجهولة الهوية، وبعد المعالجة، لا يمكن تحديد فرد معين من خلال هذه البيانات الشخصية أو عن طريق التعاون مع المعلومات الأخرى، ولا يمكن استرداد هذه البيانات.

خامسا، يحدد "قانون الأمن السيبراني" نظام الإبلاغ الإلزامي وإعداد التقارير الإلزامية بعد وقوع حوادث أمن البيانات الشخصية. وينص "قانون الأمن السيبراني" على أنه: "عندما حدث أو قد يحدث تسرب البيانات الشخصية أو في حين إتلاف أو فقدان البيانات الشخصية، يجب اتخاذ الإجراءات العلاجية الفورية وإبلاغ المستخدم والسلطات المختصة بذلك وفقا للوائح." ومقارنة مع القوانين الأخرى، يضيف "قانون الأمن السيبراني" الإبلاغ الإلزامي وإعداد التقارير الإلزامية بعد وقوع حوادث أمن البيانات الشخصية.

على الصعيد العالمي، يكون نظام الإبلاغ الإلزامي وإعداد التقارير الإلزامية لحوادث الأمن السيبراني التي تشمل حوادث أمن البيانات الشخصية من أولويات الأعمال التشريعية في الوقت الحالي. وتولي عديد من بلدان ومناطق العالم اهتماما كبيرا بتعزيز وعي المنظمات والمؤسسات بتحمل المسؤولية من خلال إنشاء الإبلاغ الإلزامي وإعداد التقارير الإلزامية، وتحث هذه المنظمات والمؤسسات على النظر بجدية إلى التزاماتها بحماية البيانات الشخصية. وفي الولايات المتحدة، ينص قانون إخضاع التأمين الصحي القابلية النقل والمساءلة (Health

انعقاد منتدى حماية البيانات الشخصية لمؤتمر الإنترنت الصيني ٢٠١٨ في بكين في ١٢ من يوليو عام ٢٠١٨.

Insurance Portability and Accountability Act) وقانون غرام ليتلي – بيلي (-Gramm Leach-Bliley Act) على الإبلاغ الإلزامي وإعداد التقارير الإلزامية لحوادث أمن البيانات. وبالإضافة إلى ذلك، أقرت ٤٧ ولاية في الولايات المتحدة ومقاطعة كولومبيا وغوام وبورتوريكو وجزر العذراء الأمريكية بالقوانين المتعلقة بنظام الإبلاغ الإلزامي وإعداد التقارير الإلزامية لحوادث أمن البيانات. وفي الاتحاد الأوروبي، ينص النظام الأوروبي العام لحماية البيانات و"توجيه أمن الشبكات والبيانات" (NIS Directive) أيضا على "التزامات الإبلاغ وإعداد التقارير الإلزامية." ومن الواضح أن "قانون الأمن السيبراني" استوعب التجارب المتقدمة الأجنبية لحماية البيانات لشخصية.

عزز "قانون الأمن السيبراني" قوة حماية البيانات الشخصية حتى تتمكن الناس من التمتع الآمن بالأرباح التي تجلبها شبكة الإنترنت، وهو دليل ملموس على تنفيذ التعليمات المهمة للأمين العام شي جين بينغ. وإن إصدار وتنفيذ "قانون الأمن السيبراني" سيسهم في الحد الفعال من إساءة استخدام البيانات الشخصية وتحسين مستوى حماية البيانات الشخصية وحماية المصالح الشرعية للمستخدمين والمصالح العامة الاجتماعية إلى حد أكبر.

٣. هل المعيار الوطني لـ"قواعد أمن البيانات الشخصية" يتماشى مع المعايير الدولية؟

أصدر مكتب مجموعة قيادة الأمن السيبراني والمعلوماتية والإدارة العامة للرقابة على الجودة والتفتيش والحجر الصحي ولجنة إدارة التقييس الوطنية بشكل مشترك "الآراء بشأن تعزيز أعمال التقييس للأمن السيبراني الوطني" (يشار إليها فيما بعد باسم "الآراء") في ٢٢ من أغسطس عام ٢٠١٧. وفي الجزء الثاني "تعزيز بناء النظام القياسي"، طرحت "الآراء" "تعزيز صياغة المعايير الأساسية الملحة"، وحددت بوضوح صياغة معايير "حماية البيانات الشخصية" كأحد أولويات العمل. كما هو موضح في "الآراء"، "يعد توحيد معايير الأمن السيبراني جزءا هاما من بناء نظام ضمان الأمن السيبراني، حيث يلعب دورا أساسيا ومعياريا وقياديا في بناء فضاء إلكتروني آمن وتعزيز إصلاح نظام الحوكمة السيبرانية". ومن أجل تحسين سلوك المنظمات والمؤسسات التي تقوم بجمع واستخدام البيانات الشخصية بشكل كبير، هناك حاجة ملحة لتشكيل سلسلة من قواعد حماية البيانات الشخصية العلمية والمتقدمة والقابلة للتطبيق والمناسبة مع الاحتياجات الواقعية.

في نهاية ديسمبر عام ٢٠١٧، أصدرت لجنة إدارة التقييس الوطنية رسميا "قواعد أمن البيانات الشخصية" التي تعد المعايير الوطنية لتكنولوجيا أمن المعلومات. ودخلت حيز التنفيذ في أول مايو عام ٢٠١٨. وطرحت "قواعد

أمن البيانات الشخصية" متطلبات محددة لمختلف المنظمات (بما في ذلك المؤسسات والشركات وغيرها) التي تقوم بمعالجة البيانات الشخصية. وتعد هذه "القواعد" وثيقة قياسية أساسية لأعمال حماية البيانات الشخصية، وتوفر دعما للأنشطة المستقبلية المتعلقة بحماية البيانات الشخصية وترسي أساسا لصياغة وتنفيذ القوانين واللوائح المتعلقة بحماية البيانات الشخصية وتقدم التوجيهات للسلطات الوطنية ومؤسسات التقييم المستقلة للقيام بأعمال إدارة وتقييم البيانات الشخصية.

أولا، تعمل "قواعد أمن البيانات الشخصية" على تطبيق الروح التوجيهية المهمة المتمثلة في أن "تعزيز الأمن السيبراني من أجل مصالح الشعب"، التي طرحها الأمين العام شي جين بينغ، ويولي اهتماما بتحقيق التوازن بين القيم الأربع التالية: ① الخصوصية الشخصية وحق الأفراد في استخدام بياناتهم الشخصية، بما في ذلك التحكم في جمع واستخدام وتداول البيانات الشخصية إلى حد ما، والسيطرة على تأثير القرارات الصادرة على أساس البيانات على الأفراد ② مصالح التنمية، أي متطلبات الشركات والصناعات باستخدام البيانات الشخصية استخداما شاملا لتوفير وتحسين وابتكار المنتجات والخدمات ③ المصالح العامة، تنقل المعلومات بشكل حر لمساعدة القطاعات الحكومية على استكمال الإدارة العامة باستخدام البيانات الشخصية وحق الجماهير في المعرفة ④ المصالح الوطنية، التأثيرات الإيجابية والسلبية التي يتركها تنقل البيانات الشخصية عبر الحدود على السيادة الوطنية والأمن القومي والقدرة التنافسية الوطنية.

ثانيا، تستند "قواعد أمن البيانات الشخصية" إلى القوانين واللوائح والقواعد والمعايير القائمة في الصين. مثل قرار اللجنة الدائمة للمجلس الوطني لنواب الشعب الصيني بشأن حماية الأمن السيبراني وقرار اللجنة الدائمة للمجلس الوطني لنواب الشعب الصيني بشأن تعزيز حماية معلومات الشبكة، والقانون الجنائي المعدل (الخامس) والقانون الجنائي المعدل (السابع) والقانون الجنائي المعدل (التاسع) و"لوائح حماية البيانات الشخصية لمستخدمي الاتصالات والإنترنت" و"توجيهات حماية البيانات الشخصية في نظام أمن تكنولوجيا المعلومات للخدمات العامة والتجارية" (GB/Z٢٨٨١٢-٢٠١٢) و"سلوك موردي منتجات تكنولوجيا المعلومات وموردي تكنولوجيا أمن المعلومات" (المسودة).

ثالثا، تتعلم "قواعد أمن البيانات الشخصية" من خبرات القوانين الأجنبية المتقدمة في حماية البيانات الشخصية، مثل إطار عمل الخصوصية لمنظمة التعاون الاقتصادي والتنمية وإطار عمل الخصوصية لمنتدى التعاون الاقتصادي لدول آسيا والمحيط الهادي والنظام الأوروبي العام لحماية البيانات (General Data Protection Regulation) واتفاقية "درع الخصوصية الأوروبية الأمريكية" (Privacy Shield) وقانون

خصوصية المستهلك (Consumer Privacy Bill of Rights Act of ٢٠١٥) في الولايات المتحدة.

أخيرا، تتماشي "قواعد أمن البيانات الشخصية" مع القواعد الدولية المتعلقة بحماية البيانات الشخصية. وتكون SC٢٧/ISO/IEC JTC١ لجنة فرعية تابعة للمنظمة الدولية للتوحيد القياسي (ISO) واللجنة الفنية المشتركة (IEC) للجنة الكهرتقنية الدولية (JTC١)، وهي مسؤولة عن بحث توحيد المعايير وتخطيط العمل في مجال أمن البيانات. أما SC٢٧/ WG٥، فهي منظمة مسؤولة عن تطوير وصيانة المعايير المتعلقة بإدارة الهوية وحماية الخصوصية. وفي الوقت الحاضر، إن معيار حماية البيانات الشخصية الأكثر تمثيلا والأكثر منهجية هو سلسلة من معايير ISO/IEC ٢٩١٠٠ التي صاغتها هذه المنظمة، وتشمل هذه المعايير على: ISO/IEC ٢٩١٠٠ "إطار حماية الخصوصية" و ISO/IEC ٢٩١٠٠"هيكل نظام الخصوصية" و ISO/IEC ٢٩١٠٠"نموذج تقييم قدرة الخصوصية" و ISO/IEC ٢٩١٣٤"تقييم تأثيرات الخصوصية" و ISO/IEC٢٩١٥"توجيهات حماية البيانات الشخصية القابلة للتعريف". وبالإضافة إلى ذلك، هناك أيضا المبادئ التوجيهية لحماية سرية معلومات الهوية الشخصية (NIST SP٨٠٠–٥٣) في الولايات المتحدة وقائمة ممارسة التدقيق لحماية البيانات (CWA ١٥٢٦٢:٢٠٠٥) وهيكل التقييم الذاتي للإداريين(CWA ١٦١١٢:٢٠١٠) والممارسات الجيدة لحماية البيانات الشخصية (CWA ١٦١١٣:٢٠١٠) في الاتحاد الأوروبي.

إن التطور السريع لتكنولوجيا البيانات الضخمة والتطبيقات الإلكترونية يجعل حماية البيانات الشخصية تواجه تحديات أكثر في عملية جمع البيانات، جعل تطور الإنترنت عبر الهاتف النقال وإنترنت الأشياء جمع البيانات الشخصية أكثر كثافة وإخفاء؛ وفي عملية استخدام البيانات، أدت مصادر البيانات الشخصية الكثيرة ومتابعة وكشف المعلومات في أي وقت إلى مزيد من مخاطر تسرب البيانات الشخصية والخصوصية الشخصية، مما يؤثر بشكل كبير على المصالح الشخصية؛ وفي عملية كشف البيانات، أصبحت أساليب تنقل وتداول البيانات أكثر فأكثر، وأصبح تنقل البيانات الشخصية عبر الحدود أمرا طبيعيا. وطرحت "قواعد أمن البيانات الشخصية" معيار حماية البيانات الشخصية الموجه نحو المستقبل والقادر على مقاومة المخاطر بشكل علمي وفعال والمتوافق مع تطور المعلوماتية، مما أسهم في إثراء أنظمة ومحتويات أعمال حماية البيانات الشخصية في الصين.

٤. ما هي "البيانات المهمة" في "قانون الأمن السيبراني"؟

في "قانون الأمن السيبراني" الذي أقرته اللجنة الدائمة للمجلس الوطني لنواب الشعب الصيني سابع نوفمبر عام٢٠١٦، قامت الصين بحذف كلمة "الأعمال" في "بيانات الأعمال المهمة" التي كانت في مسودة القانون الثالثة،

الأمر الذي يعكس التفكير النهائي للمشرعين: تهدف أهمية البيانات المهمة إلى حماية المصالح على المستوى العام، أي حماية الأمن القومي والاقتصاد الوطني ومعيشة الشعب والمصلحة العامة. لذلك، طالما كانت بيانات مشغل الشبكة لا تتعلق بالمصالح على المستوى العام، لا تنتمي إلى "البيانات المهمة". على سبيل المثال، تعد محاضر الاجتماع الرفيع المستوى لإحدى شركات الإنترنت مهمة للغاية للشركة، ولكن إذا لم تتعلق بالمصالح الوطنية والمصالح العامة، فمن الواضح أنها ليست في فئة "البيانات المهمة"، ويمكن خروج هذه البيانات إلى خارج البلاد بحرية. ولكن بالنسبة إلى شركة تنتج المواد الاحتياطية للحرب، قد تكون سجلات بيع البضائع والبضائع المخزونة في نظام معلوماتها متعلقة بالأمن القومي، فيجب تحديد هذه المعلومات على أنها "بيانات مهمة"، وبحسب متطلبات "قانون الأمن السيبراني"، يجب خضع هذه المعلومات في عملية التقييم الأمني قبل خروج البلاد.

من "بيانات الأعمال المهمة" إلى "البيانات المهمة"، يعكس هذا الأمر أن "قانون الأمن السيبراني" قد تجاوز طريقة التصنيف المألوفة لـ"البيانات الشخصية وبيانات الشركات والبيانات الوطنية"، ويركز على قيمة وتأثيرات البيانات. وبمعنى آخر، سواء البيانات الشخصية أو بيانات الشركة، طالما قد تهدد المصالح على المستوى العام، يمكن تحديدها في فئة "البيانات المهمة". لذلك، أصدرت إدارة الفضاء الإلكتروني الصينية "تدابير إدارة أمن بيانات الشبكة" التي عرفت "البيانات المهمة" بأنها "البينات التي لا تنطوي على أسرار الدولة، ولكن إذا تم الكشف عنها أو سرقتها أو تزييفها أو فقدانها أو استخدامها بطريقة غير شرعية، قد يهدد الأمر الأمن القومي والاقتصاد الوطني ومعيشة الشعب والمصلحة العامة".

إن طرح مفهوم "البيانات المهمة" يعكس في الواقع المتطلبات الموضوعية لحماية الأمن القومي ومصالح الجمهور في عصر البيانات الضخمة، ويمثل أيضا استجابة أعمال حماية البيانات على المستوى الوطني على ميزات عصر البيانات الضخمة. وفي الماضي، كانت طريقة التصنيف لـ "البيانات الشخصية وبيانات الشركات والبيانات الوطنية" لها معنى مهم، إذ لا يمكن التأثير على المصالح على المستوى العام إلا البيانات التي تحتفظ بها الدولة. ولكن في عصر البيانات الضخمة، حدث جمع البيانات وتراكمها وتداولها خارج القطاعات العامة بشكل شائع، ولدى العديد من الشركات كمية كبيرة من موارد البيانات. وقد تؤثر هذه البيانات على المصالح الوطنية والمصالح العامة. على سبيل المثال، تملك مجموعة علي بابا كمية هائلة من بيانات المستخدمين، وتكون هذه البيانات المعلومات الشخصية أولا، كما أنها البيانات التي تملكها الشركة، ولكن تكون هذه البيانات هائلة للغاية مثلما في قاعدة البيانات السكانية الأساسية الوطنية لأجهزة الأمن العام، وربما أن دقة هذه البيانات أفضل من البيانات التي تملكها أجهزة الأمن العام. لذلك، إذا تسربت هذه البيانات الشخصية الأساسية بكمية هائلة، قد يتسبب الأمر في

عقد المكتب الإعلامي لمجلس الدولة الصيني مؤتمرا صحفيا لتسليط الضوء على أحوال معالجة القضايا الكبيرة لتسرب البيانات الاقتصادية السرية في ٢٤ من أكتوبر عام ٢٠١١.

أضرار جسيمة للأمن القومي.

مثال آخر هو البيانات التي تم إنشاءها أثناء عملية توفير حماية الأمن السيبراني للبنية التحتية الحيوية في الصناعات الرئيسية مثل المالية والطاقة والنقل والاتصالات، بما في ذلك هيكل النظام وخطط واستراتيجيات والتدابير والمشاريع التنفيذية ونقاط الضعف. وعلى الرغم من أن هذه البيانات في أيدي مقدمي خدمات الأمن السيبراني، ولكن بمجرد تسريبها، ستزيد المخاطر الأمنية التي تواجهها البنية التحتية الحيوية بشكل كبير. لذلك، تعد هذه البيانات "البيانات المهمة" على المستوى الوطني، حتى ولو كانت في أيدي القطاعات الخاصة. وباختصار، من أجل تحديد البيانات المهمة، يجب علينا التخلي عن المعيار القديم المتمثل في "من يملك البيانات"، بل علينا تحديدها حسب قيمتها وتأثيراتها.

٥. كيف ستحافظ أعمال تقييم الأمن لنقل البيانات عبر الحدود على التوازن بين التنمية والأمن في الصين؟

وفقا لمتطلبات "قانون الأمن السيبراني"، أصدرت المكتب الوطني لمعلومات الإنترنت "تدابير تقييم الأمن لنقل البيانات الشخصية والبيانات المهمة عبر الحدود (مسودة استشارية)" في أبريل ٢٠١٧. وفي ٢٧ من يونيو عام ٢٠١٩، أصدرت المكتب الوطني لمعلومات الإنترنت "تدابير تقييم الأمن لنقل البيانات الشخصية عبر الحدود (مسودة

استشارية)" (يشار إليها فيما يلي باسم "التدابير")، التي طرحت متطلبات لنظام إدارة تنقل البيانات الشخصية عبر الحدود في الصين. كيف نفهم التصميم المؤسسي في "التدابير"؟ وفي عصر الإنترنت، تنتقل البيانات عبر الحدود بشكل طبيعي، وأصبحت البيانات أكثر قيمة بفضل التنقل، سيقود تنقل البيانات تطور التكنولوجيا وزيادة رأس المال والمواهب، وقد أصبح هذا التوافق الأساسي، وهل حقق التصميم المؤسسي في "التدابير" التوازن بين التنمية والأمن؟

(ا) الاتجاه الدولي في تدابير السيطرة على نقل البيانات

أولا، من منظور النطاق الجغرافي. وفقا للإحصاءات، طرحت حاليا أكثر من ٦٠ دولة ومنطقة في العالم متطلبات السيطرة على نقل البيانات. وأشار تقرير "تنقل البيانات عبر الحدود: ما هي العقبات؟ وما هو الثمن" الذي أصدرته مؤسسة تكنولوجيا المعلومات والابتكار في الولايات المتحدة (ITIF) في أول مايو عام ٢٠١٧ إلى أن الدول التي تنفذ سياسات السيطرة على نقل البيانات عبر الحدود تنتشر في جميع القارات، بما في ذلك البلدان والمناطق المتقدمة مثل كندا وأستراليا والاتحاد الأوروبي، وكذلك البلدان النامية مثل روسيا ونيجيريا والهند. وبالطبع، تتخذ الدول المختلفة التدابير المختلفة للسيطرة على نقل البيانات عبر الحدود.

ثانيا، من منظور زمني. إن معظم لوائح طلب تخزين البيانات المحلية تم تنفيذها بعد عام ٢٠٠٠. وفي الصورة التالية، يمكننا العثور على نقطة مهمة للغاية: بدء تخزين البيانات المحلية متزامن مع تطور تكنولوجيا المعلومات مثل شبكة الإنترنت والأنظمة الموزعة والحوسبة السحابية والبيانات الضخمة. ومن ناحية، مع استخدام الأنظمة الموزعة والحوسبة السحابية بشكل واسع، تضعف قدرة شاغلي البيانات على التحكم على البيانات، وتتزايد الروابط الوسيطة. وليس من السهل الإجابة على الأسئلة التي كانت إجاباتها واضحة جدا في الماضي، مثل عدد أنواع البيانات ومدى ضخامة حجمها ومكان تخزينها ومن يمكن زيارتها. ومن ناحية أخرى، إن تطور تكنولوجيا البيانات الضخمة زاد بشكل كبير حاجة شاغلي البيانات إلى التحكم على البيانات. وفي حالة كشف البيانات بكمية هائلة، سواء من أجل تقاسم المعلومات، أو بسبب التسرب، قد تعرض هذه البيانات لسوء الاستخدام. على سبيل المثال، قد تجمع القوى المعادية البيانات الضخمة ومجموعات البيانات الأخرى وتستخدم خوارزميات متنوعة لاستخراج المعلومات العميقة، ثم تقوم بتحليل وإدراك المعلومات التي تهدد الأمن القومي للآخرين.

ومن هاتين الناحيتين، يمكننا أن نفهم أن وضع تدابير السيطرة على نقل البيانات عبر الحدود ضروري إلى حد كبير.

الصورة ٤-١: تطور تدابير تخزين البيانات داخل البلاد

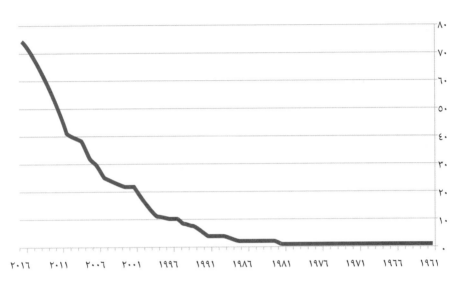

تقتبس هذه الصورة من Martina Francesca Ferracane, Data Localization Trends, European Centre for International Political Economy, Presentation in Beijing, ١٩ يوليو ٢٠١٦

(٢) لماذا يحتاج إلى حماية أمن نقل البيانات الشخصية عبر الحدود؟

إن الغرض الرئيسي لحماية البيانات الشخصية في حين خروج البلاد هو الاستمرار في حماية الحقوق والمصالح الشرعية للأفراد في حالة فصل البيانات عن سيطرة شاغلي البيانات السابقين.

قد يؤدي نقل البيانات عبر الحدود إلى أربعة تغيرات مقارنة بتنقلها داخل البلاد: أولا، تغير حاملي البيانات، لذلك، تغيرت القدرة على حماية البيانات؛ ثانيا، تغير القوانين واللوائح المناسبة لحماية البيانات بعد خروجها عبر الحدود؛ ثالثا، لا يمكن لسلطات الرقابة داخل البلاد فرض الاختصاص على الكيانات الأجنبية التي تتلقى البيانات؛ رابعا، تصبح قنوات حماية الحقوق والمصالح الشرعية للأشخاص المتعلقين بهذه البيانات أقل وتصبح طرق الحماية أكثر صعوبة.

لذلك، يركز التصميم المؤسسي لحماية أمن نقل البيانات الشخصية عبر الحدود بشكل أساسي على الجوانب الأربعة المذكور أعلاها. وفي هذا الصدد، تتوافق الصين والدول الأجنبية.

في ٢٥ من مايو عام ٢٠١٨، دخل "النظام الأوروبي العام لحماية البيانات" (GDPR) حيز التنفيذ بشكل رسمي. وعلى أساس "توجيهات حماية البيانات الشخصية" المعتمدة في عام ١٩٩٥، قام "النظام الأوروبي العام لحماية البيانات" بإصلاح وتحديث نظام الحماية الأمنية لنقل البيانات الشخصية عبر الحدود. أولا، بند العقد النموذجي (standard contract clause, SCC). وحدد بند العقد النموذجي مبدأ الحماية بعد نقل البيانات عبر الحدود (أي تحديد مستوى الحماية)، وحدد أيضا أن المنظمات داخل بلد تتحمل المسؤوليات الرئيسية من خلال تقسيم المسؤوليات القانونية، مما سهل سلطات الرقابة داخل البلد على المساءلة. وبالطبع، من خلال توقيع العقود المعنية، يمكن للكيانات المحلية مساءلة الكيانات الأجنبية. وفي الوقت نفسه، ينص بند العقد النموذجي للاتحاد الأوروبي على أن كيانات البيانات الشخصية يمكن أن تكون لها حقوق معنية بناء على العقود. ثانيا، لوائح الشركة الملزمة (binding corporate rules, BCR). يجب على لوائح الشركة الملزمة الحصول على موافقة سلطات الرقابة داخل بلد، هذا يعني أن سلطات الرقابة داخل البلد يجب عليها الاعتراف بمستوى حماية البيانات الذي توفره لوائح الشركة الملزمة. وإذا كان مستوى الحماية لبلد يعمل فيه فرع إحدى الشركات عبر الحدود منخفضا نسبيا، فلا بد ل فرع الشركة أن يلتزم بلوائح الشركة الملزمة، ويقوم بحماية البيانات حسب المبادئ المنصوص عليها في لوائح الشركة الملزمة. وعند تقديم الطلب لحصول لوائح الشركة الملزمة على الموافقة، يجب على الشركة تحديد بلد رئيسي ستقدم إليها الطلب أولا. وبمجرد تحديد هذا البلد، يجب على كيان الشركة الرئيسي في هذا البلد أن يتحمل جميع الالتزامات القانونية لنقل البيانات عبر الحدود، أي يمكن لسلطات الرقابة وكائنات البيانات الشخصية مساءلة المسؤولية القانونية من خلال كيان الشركة داخل البلد. أخيرا، الاعتراف بالكفاية. وإن الاعتراف بالكفاية لبلد أو منطقة ما يعني الاعتراف بالقوانين واللوائح في هذا البلد أو المنطقة، ويعني الاعتراف بقدرة أجهزة الرقابة في هذا البلد أو المنطقة على حماية البيانات ويعني الاعتراف بفعالية وراحة ممارسة الفرد لحقوقه ومصالحه. لذلك، يكون الاعتراف عملية حكيمة للغاية تتطلب إجراء تحقيق كامل.

من المنظور أعلاه، إن الاعتماد فقط على موافقة الفرد كشرط نقل البيانات الشخصية عبر الحدود لا يمكن تجنب مخاطر التغيرات الأربعة الناجمة عن نقل البيانات عبر الحدود. ووفقا للأعراف الدولية، لا تعد الموافقة الفردية بشكل عام شرطا أساسيا لنقل البيانات عبر الحدود. وفي الممارسة العملية، يمكن اعتبار الموافقة الفردية كشرط نقل البيانات الشخصية عبر الحدود فقط في حالة نقل هذه البيانات بشكل عرضيا وبكمية قليلة وعدم إمكانية تطبيق اللوائح المعنية (مثل الاعتراف بالكفاية وبند العقد النموذجي ولوائح الشركة الملزمة).

بناء على الشرح أعلاه، لندرس مجددا في "تدابير تقييم الأمن لنقل البيانات الشخصية عبر الحدود (مسودة

استشارية)" (يشار إليها فيما يلي باسم "التدابير") التي أصدرتها إدارة الفضاء الإلكتروني الصينية. وانطلق نظام حماية نقل البيانات الشخصية عبر الحدود الذي تنص عليه هذه "التدابير" أساسا من التغيرات الأربعة التي قد تحدث عند نقل البيانات الشخصية عبر الحدود، وتعمل على تخفيض المخاطر الأمنية الجديدة من خلال التصميم المؤسسي. وفيما يلي التحليل الرئيسي:

① تطلب "التدابير" من مشغلي الشبكة توقيع العقد مع متلقي البيانات قبل نقل البيانات عبر الحدود. وفي الوقت نفسه، طرحت متطلبات مفصلة لمحتويات العقد، التي تشمل كيفية حماية البيانات الشخصية من قبل متلقي البيانات خارج البلاد. وبالإضافة إلى ذلك، عند تقديم طلب التقييم الأمني لنقل البيانات عبر الحدود، يجب على مشغلي الشبكة تقديم تقرير لمخاطر نقل البيانات الشخصية عبر الحدود وتقرير تحليلي لتدابير حماية أمن البيانات الشخصية يشمل قدرة متلقي البيانات خارج البلاد على حماية أمن البيانات. ويهدف هذا التصميم المؤسسي إلى ضمان قدرة متلقي البيانات خارج البلاد على توفير الحماية الكافية للبيانات الشخصية.

② بالنسبة إلى تغير القوانين واللوائح المناسبة بعد نقل البيانات عبر الحدود، تنص "التدابير" على أنه يجب على مشغلي الشبكة في العقد الذي تم توقيعه مع متلقي البيانات خارج البلاد أن يتطلب متلقي البيانات إبلاغه الحقائق في حين عدم إمكانية تنفيذ العقد بسبب تغير القوانين في بلدهم أو منطقتهم. ويحق لمشغلي الشبكة في التفكير في إلغاء العقد أم لا، ويحق له طلب من متلقي البيانات حذف البيانات ذات الصلة. وهكذا، يمكن تجنب بشكل فعال الآثار السلبية التي يتركها تغير القوانين واللوائح خارج البلاد على أمن البيانات الشخصية. وبالطبع، قبل نقل البيانات الشخصية عبر الحدود، يجب على مشغلي الشبكة أولا تحليل ما إذا كانت قوانين ولوائح البلدان أو المناطق الأجنبية كافية لحماية أمن البيانات الشخصية.

③ فيما يتعلق بالمشكلة المتمثلة في عدم قدرة سلطات الرقابة داخل البلاد على فرض الولاية القضائية على متلقي البيانات خارج البلاد، طرحت "التدابير" متطلبات في المجالات الثلاثة: أولا، تطلب "التدابير" من مشغلي الشبكة تحديد مسؤوليات أمن البيانات الشخصية في العقد مع متلقي البيانات خارج البلاد، وتوضيح أن مشغلي الشبكة داخل البلاد هم يتحملون المسؤولية بشكل افتراضي (accountability by default). ثانيا، يمكن لهيئات معلومات الشبكة إدراك حالة نقل البيانات عبر الحدود وترتيب أعمال التفتيش المعنية من خلال تقرير سنوي لمشغلي الشبكة. وفي بعض الحالات، يمكن لهيئات معلومات الشبكة أن تطلب تعليق نقل البيانات عبر الحدود وتطلب من مشغلي الشبكة أن تطلب من متلقي البيانات حذف البيانات باستخدام العقد كأداة قانونية. ثالثا، تطلب "التدابير" من "مشغلي الشبكة الأجانب" تحديد ممثلين قانونيين أو مكاتب تمثيلية قانونية داخل الصين

للوفاء بالمسؤوليات والالتزامات القانونية المنصوص عليها في "التدابير" في حين توفير الخدمات مباشرة في السوق الصينية، ويهدف هذا إلى حماية الولاية القضائية الفعالة.

④ يعد ضمان الحقوق والمصالح الشرعية لكائنات المعلومات الشخصية بعد نقل البيانات عبر الحدود إحدى خصائص "التدابير" المهمة. ويجب على مشغلي الشبكة تحديد في العقد مع متلقي البيانات طرق ووسائل ممارسة كائنات بالبيانات الشخصية حقوقهم، ويجب على مشغلي الشبكة تحليل وتقييم فعالية وتسهيلات هذه الطرق والوسائل في حين تقديم طلب تقييم الأمن لنقل البيانات عبر الحدود. كما تعطي "التدابير" أيضا "حق الاستعلام" الخاص لكائنات البيانات الشخصية في حين نقل البيانات عبر الحدود. وتتضمن المحتويات التي يمكن لكائنات البيانات الشخصية الاستعلام عنها على: نسخة من العقد الموقع بين مشغلي الشبكة ومتلقي البيانات والأحوال الأساسية لمشغلي الشبكة الذين يديرون البيانات الشخصية ومتلقي البيانات وغرض نقل البيانات الشخصية عبر الحدود ونوع البيانات الشخصية التي تم نقلها عبر الحدود ووقت تخزين هذه البيانات. وعلى أساس ضمان الحق في المعرفة، يمكن لكائنات البيانات الشخصية ممارسة حقوقهم بشكل أفضل.

بالطبع، في حالة عدم تقييد نقل البيانات الشخصية مرة أخرى (onwards transfer) بعد خروجها عبر الحدود، لا يمكن تنفيذ التصميم المؤسسي المذكور أعلاه بشكل فعال. لذلك، طرحت "التدابير" متطلبات متخصصة بنقل البيانات الشخصية مرة أخرى بعد خروجها عبر الحدود: بالنسبة إلى نقل البيانات الشخصية مرة أخرى، يختار الفرد الانسحاب (opt–out)، وبالنسبة إلى نقل البيانات الشخصية الحساسة، يجب على الفرد الموافقة (opt–in).

بشكل عام، يتوافق التصميم المؤسسي الصيني لتقييم الأمن لنقل البيانات الشخصية عبر الحدود على الممارسات الدولية من حيث التعامل مع مخاطر الأمن (أي التغيرات الأربعة الناتجة عن نقل البيانات عبر الحدود)، ويكون هذا التصميم المؤسسي مستهدفا حقا.

(٣) التطلعات

يعد تقييم الأمن لنقل البيانات عبر الحدود حلقة مهمة لبناء نظام حماية أمن البيانات الوطني الذي ينص عليه "قانون الأمن السيبراني"، ولعب دورا حاسما في تشكيل نظام حماية بيانات شامل ومتعدد المستويات في الصين. ولكن ما زال التصميم الحالي في "قانون الأمن السيبراني" ليست كافية لحماية البيانات التي تعد "موارد استراتيجية أساسية". على سبيل المثال، بالنسبة إلى الحق في استخدام البيانات المهمة، طرح "قانون الأمن

السيبراني" متطلبات لمعلومات الأمن السيبراني فقط. وفيما يتعلق بمنع التهديدات التي يتركها سوء استخدام البيانات المهمة على الأمن القومي، طرح "قانون الأمن السيبراني" نظام تقييم الأمن لنقل البيانات عبر الحدود فقط. وعلى الرغم من أن "قانون الأمن السيبراني" لعب دورا مهم في حماية البيانات، إلا أننا مازلنا نحتاج إلى صياغة وتنفيذ تدابير مثل "إجراءات إدارة أمن البيانات" ليتماشى بناء القدرة الأمنية مع تطور البيانات الضخمة بشكل فعال.

الباب الخامس

بناء القدرات على حماية الأمن السيبراني في الصين

في الوقت الحاضر، أصبحت تكنولوجيا معلومات الشبكة قوة رئيسية في جولة جديدة من الثورة العلمية والتكنولوجية والتحول الصناعي، فقد دخلت تدريجيا في مجالات السياسة والاقتصاد والثقافة والمجتمع والدفاع الوطني، كما ارتفع الأمن السيبراني إلى مستوى الأمن القومي، وأصبح ضمانا مهما لتعميق الإصلاح وتعزيز بناء دولة قوية في مجال شبكة الإنترنت.

منذ انعقاد المؤتمر الوطني الـ١٨ للحزب الشيوعي الصيني، أولت اللجنة المركزية للحزب الشيوعي الصيني التي يكون الرفيق شي جين بينغ نواتها اهتماما كبيرا بأعمال حماية الأمن السيبراني، وأنشأت الفرقة القيادية المركزية للأمن السيبراني والمعلوماتية، وأوضحت العلاقات المهمة بين الأمن والتنمية المتمثلة في أن "الأمن هو أساس التنمية والتنمية هي ضمان الأمن"، واقترحت إنشاء رؤية شاملة وديناميكية ومنفتحة ونسبية ومشتركة للأمن السيبراني. وتحسنت قدرات الصين على حماية الأمن السيبراني بشكل فعال.

الفصل الأول
صناعة تكنولوجيا الأمن السيبراني

١. نطاق صناعة تكنولوجيا الأمن السيبراني

تلبي صناعة تكنولوجيا الأمن السيبراني التي تشمل شركات الأمن السيبراني ومؤسسات الخدمات المهنية لمتطلبات معظم الأفراد والمؤسسات التجارية بحماية تطبيقات المعلومات، وتتحمل أيضا أعمال ضمان الأمن للعديد من الدوائر الحكومية وبعض الصناعات الخاصة. واستوعبت صناعة تكنولوجيا الأمن السيبراني معظم العاملين في مجالات تطوير منتجات تكنولوجيا الأمن السيبراني وضمان الخدمة لمنتجات تكنولوجيا الأمن السيبراني والعمليات التجارية لمنتجات تكنولوجيا الأمن السيبراني. وبشكل موضوعي، إن صناعة تكنولوجيا الأمن السيبراني هي الأساس والقوة المهمة لحماية أمن الفضاء السيبراني الوطني وضمان التطور الصحي لمجتمع المعلومات.

في الوقت الحالي، مع التطور السريع لتكنولوجيا المعلومات، أصبح تصنيف صناعة تكنولوجيا الأمن السيبراني أدق على نحو متزائد، وتحسن الهيكل الصناعي باستمرار. وفي الوقت نفسه، أصبحت الحدود بين الأجهزة والبرامج أكثر غموضا، وأصبح الارتباط بين المنتجات والخدمات أوثق. ويمكن تقسيم صناعة تكنولوجيا الأمن السيبراني إلى فئتين: المنتجات والخدمات.

يمكن تقسيم منتجات الأمن السيبراني إلى أربع فئات: منتجات حماية الأمن ومنتجات إدارة الأمن ومنتجات الامتثال الأمني ومنتجات الأمن الأخرى. وتشمل منتجات حماية الأمن رئيسيا على جدار الحماية والكشف عن الاختراق والوقاية منه وأجهزة إدارة التهديدات الموحدة (UTM) وجدار الحماية لتطبيق الويب (WAF) ومنتجات

انعقاد أول مؤتمر صيني لصناعة الأمن السيبراني في بكين في ١٦ من يوليو عام ٢٠١٦. ويهدف المؤتمر إلى إظهار القوة الشاملة لصناعة الأمن السيبراني في الصين وإنشاء منصة لتنسيق الحوار بين الصناعة والدوائر الحكومية وبناء جسر تعاون بين الصناعة والشركات الصينية والأجنبية.

مكافحة الفيروسات ومكافحة تسرب البيانات. وتشمل منتجات إدارة الأمن بشكل أساس على منتجات تحديد الهوية والتحكم على الزيارة ومنتجات إدارة المحتويات الأمنية ومنتجات إدارة أمن المحطة الطرفية ومنتجات إدارة الأحداث الأمنية (SIEM). وتشمل منتجات الامتثال الأمني أساسيا على منتجات إدارة الخط الأساسي الأمني ومنتجات التدقيق في الأمن وأدوات تقييم الأمن. وتشمل منتجات الأمن الأخرى على منتجات الأمن التي لم يتم تضمينها في الفئات المذكور أعلاها، مثل منصات الكشف عن مخاطر الأمن السيبراني وتحليلات البيانات الضخمة وغيرها من منتجات التقنيات الناشئة.

تنقسم خدمات الأمن السيبراني بشكل أساس إلى أربع فئات: خدمات تكامل الأمن وخدمات تشغيل وحماية الأمن وخدمات تقييم الأمن وخدمات الاستشارات الأمنية. وتشير خدمات تكامل الأمن إلى تكامل الأمن في مشروعات نظام المعلومات، وتشمل خدمات تشغيل وحماية الأمن على خدمات التشغيل والحماية والصيانة المهنية. وتشمل خدمات تقييم الأمن على خدمات تقييم المخاطر واختبار الاختراق والتقييمات الأمنية الأخرى، وتشمل خدمات الاستشارات الأمنية على خدمات التدريب والتعليم وتخطيط التصميم.

٢. أحوال تطور صناعة تكنولوجيا الأمن السيبراني في الصين

مع التطور المتعمق لتكنولوجيا المعلومات وتعقيد وتنويع الوضع الأمني العالمي، ازدادت متطلبات تطوير صناعة الأمن السيبراني باستمرار. ومن منظور دور الصناعة في المجتمع والنظام الاقتصادي الوطني، تعد صناعة تكنولوجيا الأمن السيبراني في الصين قوة دعم مهمة لتعزيز قدرات الصين على حماية الأمن السيبراني.

منذ انعقاد المؤتمر الوطني الـ١٨ للحزب الشيوعي الصيني، أصبح الأمن السيبراني جزءا من الأمن القومي. وأكدت "قضية سنودن" و"هجوم إلكتروني على شبكة الكهرباء في أوكرانيا" و"تدخل القراصنة في الانتخابات الأمريكية" وغيرها من سلسلة من أحداث تهديد الأمن السيبراني على العلاقة الهامة بين الأمن السيبراني والأمن القومي. وأكد الأمين العام شي جين بينغ: "بدون الأمن السيبراني، لن يكون هناك أمن قومي، ولن تكون هناك عمليات اقتصادية واجتماعية مستقرة، ولن يتم ضمان مصالح الجماهير". ومع وقوع حوادث الأمن السيبراني الكبرى في العالم بشكل متكرر، بدأ الشعب الصيني يدرك أن الأمن السيبراني لا يرتبط بحياتهم اليومية وسلامة ممتلكاتهم فحسب، بل يتعلق أيضا بالأمن القومي.

ظهرت صناعة تكنولوجيا الأمن السيبراني في الصين مع تطوير وتطبيق تكنولوجيا المعلومات وخاصة تكنولوجيا الإنترنت. وبعد أكثر من ٢٠ عاما من التطور، تحسنت صناعة تكنولوجيا الأمن السيبراني في الصين

الصورة ٥-١ تطور صناعة تكنولوجيا الأمن السيبراني في الصين في الفترة ما بين عامي ٢٠١٢ و٢٠١٧

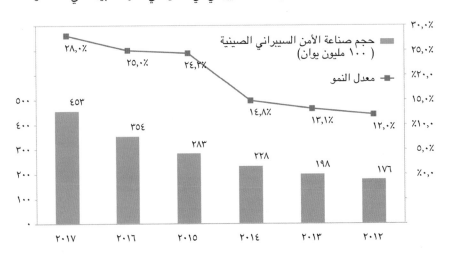

بشكل مستمر، وتشكل نظام الصناعة الكامل نسبيا، وتعمل شركات الأمن السيبراني الصينية في جميع القطاعات التكنولوجية الرئيسية بنشاط. وفي الوقت الحاضر، هناك أكثر من ٢٦٠٠ شركة صينية تعمل في مجال الأمن السيبراني، بما في ذلك ٢٠ شركة أمن سيبراني مدرجة في بورصتي شانغهاي وشنتشن.

وفقا لإحصاءات تحالف صناعة الأمن السيبراني الصيني، إن حجم صناعة تكنولوجيا الأمن السيبراني في الصين في عام ٢٠١٥ وعام ٢٠١٦ وعام ٢٠١٧ وصل إلى ٢٨,٣ مليار يوان و ٣٥,٤ مليار يوان و ٤٥,٣ مليار يوان على التوالي. وفي هذه السنوات الثلاث، تجاوز معدل النمو السنوي لصناعة الأمن السيبراني في الصين ٢٠٪. ومن المتوقع أن صناعة الأمن السيبراني ستحافظ على زخم النمو السريع في السنوات العشر المقبلة وحتى لفترة أطول.

حتى ديسمبر عام ٢٠١٧، بلغ عدد مستخدمي شبكة الإنترنت في الصين ٧٧٢ مليونا ليحتل المرتبة الأولى في العالم. وبلغ معدل انتشار شبكة الإنترنت ٥٥,٨٪، وهو ما يتجاوز معدل العالم المتوسط بنسبة ٤,١٪. وفي الوقت

أثناء عملية المشاركة في صياغة قواعد الفضاء الإلكتروني العالمي، بدأت الشركات الصينية مثل مجموعة علي بابا وشركة تينسنت في ترويج منتجاتها ونفوذها على المستوى العالمي، وتوفير النموذج الصيني لتطوير اقتصاد الإنترنت للعالم. وتظهر الصورة أن بورصة نيويورك للأوراق المالية (NYSE) تقيم حفل رنين الجرس لافتتاح مهرجان " دبل ١١" للتسوق عبر الانترنت لتيمول الصينية.

نفسه، تكون الصين رائدة في سوق التجارة الإلكرونية العالمية بشكل مستقر. ووفقا للبيانات الصادرة عن منصة التجارة الإلكترونية لمصلحة الدولة للإحصاء الصينية، وصل إجمالي حجم التجارة الإلكترونية في الصين عام ٢٠١٧ إلى ٢٩,٢ تريليون يوان صيني بزيارة قدرها ١١,٧٪. واحتلت الصين المرتبة الأولى في العالم من حيث مبيعات معاملات الشركات والعملاء (B٢C) وعدد المستهلكين للتسوق عبر الإنترنت. وقد أصبحت الصين دولة كبيرة في مجال الإنترنت، وأصبح الاقتصاد الرقمي أحد المحركات المهمة لتعزيز التنمية الاجتماعية والاقتصادية في الصين.

لكن لا تزال هناك العديد من أوجه القصور في تطوير صناعة تكنولوجيا الأمن السيبراني في الصين، الأمر الذي لا يتناسب مع مكانة الصين كدولة كبيرة في مجال الإنترنت. أولا، يكون حجم صناعة تكنولوجيا الأمن السيبراني صغيرا جدا، وتفتقر هذه الصناعة إلى الشركات الرائدة ذات نطاق الأعمال التجارية الواسع والقدرات التقنية الجوهرية. ثانيا، تكون قدرة الصين على الابتكار التكنولوجي غير كافية نسبيا، وليست بيئة السوق الإيكولوجية متحسنة جدا، الأمر الذي يقيد التطور السريع لصناعة تكنولوجيا الأمن السيبراني. ثالثا، تنقص الصين مواهب في مجال الأمن السيبراني، وخاصة المواهب الرائدة ومواهب بحوث التكنولوجيا الجديدة والجوهرية، الأمر الذي يضعف تطور الصناعة.

كان استثمار الصين في حماية الأمن السيبراني أقل من استثمار العالم المتوسط لفترة طويلة، وتتخلف الصين عن الولايات المتحدة وبريطانيا وغيرها من الدول القوية في مجال الأمن السيبراني. وفي عام ٢٠١٧، كان استثمار الصين في الأمن السيبراني أقل من ١٪ من إجمالي استثماراتها في تكنولوجيا المعلومات، ويعادل هذا الرقم ثلث متوسط استثمار العالم في نفس الفترة. وفي ميزانية الحكومة الفيدرالية التي اقترحتها إدارة ترامب عام ٢٠١٨، بلغت نسبة الاستثمار في الأمن السيبراني في إجمالي استثمارات تكنولوجيا المعلومات ٢٠٪. وأظهرت هذه البيانات أن الصين تتخلف تخلفا كبيرا في بناء الأمن السيبراني خلال عملية تطور المعلوماتية في الأعوام الثلاثين الماضية.

يمكن القول إن التناقضات بين الحفاظ على سيادة الفضاء السيبراني والأمن القومي وضمان التنمية الصحية لمعلوماتية المجتمع ومتطلبات الجماهير لتطوير الحقوق الرقمية، والأساس الصناعي الضعيف نسبيا والقدرات الكلية الضعيفة هي التناقضات الرئيسية التي تواجه تطوير صناعة تكنولوجيا الأمن السيبراني في الصين.

أصبحت التهديدات والتحديات في مجال الأمن السيبراني متغيرة وخطيرة للغاية، لذا، إن بذل الجهود لتطوير صناعة تكنولوجيا الأمن السيبراني هو خيار الصين الحتمي. وعملت الحكومة الصينية على صياغة التخطيط الاستراتيجي وتسريع وضع اللوائح وتعزيز الوعي بالسلامة وتحسين بيئة السوق وتعزيز بناء العلوم وإعداد المواهب

بنشاط، وقد حققت نتائج أولية. وفي السنوات الثلاث الماضية، تجاوز معدل نمو صناعة تكنولوجيا الأمن السيبراني في الصين ٢٠٪، ودخلت الصناعة إلى فترة تطور جيدة. ونثق بأنه بعد ١٠ سنوات من التطور، ستتمتع الصين بصناعة تكنولوجيا أمن سيبراني كاملة وآمنة وقوية تتناسب مع وضعها كدولة كبيرة في مجال الإنترنت.

٣. إجراءات الحكومة الصينية لتعزيز تطور صناعة تكنولوجيا الأمن السيبراني

في جميع أنحاء العالم، أصدرت الدول الكبرى الرئيسية استراتيجيات الأمن السيبراني وخطط تطوير الأمن السيبراني على التوالي، وعملت على زيادة الاستثمارات الحكومية في صناعة الأمن السيبراني وتحسين القدرات الصناعية المعنية. أسرعت الصين في تطوير الأمن السيبراني أيضا، وحددت الترتيبات والاستراتيجيات والقوانين واللوائح الكاملة نسبيا، وأوضحت موقفها المهم في تطوير الأمن السيبراني واتخذت الإجراءات الشاملة والمنفتحة حسب تغير الوضع لحماية الأمن السيبراني.

إقامة مراسم إنشاء معهد بحوث الصين الرقمية ومراسم تشكيل تحالف صناعة التكنولوجيا الجوهرية للصين الرقمية خلال فترة قمة الصين الرقمية الأولى في أبريل عام ٢٠١٨.

من أجل تعزيز التنمية المستدامة لصناعة تكنولوجيا الأمن السيبراني، ظلت الحكومة الصينية تتمسك بأفكار شي جين بينغ حول الاشتراكية ذات الخصائص الصينية في العصر الجديد، وعملت على تعزيز الترتيبات لبناء دولة قوية في مجال شبكة الإنترنت، وتحفيز احتياجات أمن الشبكات، وتشجيع التطور المبتكر، وتحسين البيئة الصناعية، وتوطيد قدرة الصناعة الأساسية.

أصدرت اللجنة الوطنية للتنمية والإصلاح في مارس عام ٢٠١٦ "العريضة للخطة الخمسية الثالثة عشرة"، وأشار الفصل الـ٢٨ لهذه العريضة "تعزيز ضمان أمن البيانات" إلى أنه من الضروري تطوير نظام وطني لحماية الأمن السيبراني، وتحسين القدرات على إدارة الشبكة، وضمان أمن المعلومات الوطني.

كما تولي "عريضة استراتيجية تطوير المعلوماتية الوطنية" الصادرة في يوليو عام ٢٠١٦ اهتماما كبيرا بالأمن السيبراني، حيث حددت الأمن السيبراني في فئة التقنيات الأساسية والمجالات الرئيسية مع الاتصالات المتنقلة والجيل القادم من شبكة الإنترنت والجيل القادم من شبكة الإذاعة والتلفزيون والحوسبة السحابية والبيانات الضخمة وإنترنت الأشياء والتصنيع الذكي والمدن الذكية وغيرها.

في سبتمبر عام ٢٠١٦، أصدرت إدارة الفضاء الإلكتروني الصينية "لوائح حماية القاصرين في مجال شبكة الإنترنت (مسودة)،" هادفة إلى خلق بيئة شبكة صحية ومتحضرة ومنتظمة وحماية أمن الفضاء الإلكتروني للقاصرين وحماية مصالح القاصرين الشرعية في مجال شبكة الإنترنت وتعزيز النمو الصحي للقاصرين.

في نوفمبر عام ٢٠١٦، تمت مراجعة "قانون الأمن السيبراني لجمهورية الصين الشعبية" واعتماده من قبل اللجنة الدائمة للمجلس الوطني لنواب الشعب وتم تنفيذه رسميا في أول يونيو عام ٢٠١٧. ويعتبر هذا القانون أول قانون أساسي في الصين ينظم بشكل شامل مشاكل إدارة أمن الفضاء الإلكتروني، وهو ضمان قوي لحماية الأمن السيبراني والحفاظ على سيادة الفضاء الإلكتروني والأمن القومي، وتعزيز التنمية الصحية للمعلوماتية الاقتصادية والاجتماعية، وهو معلم هام في بناء سيادة القانون في الفضاء الإلكتروني الصيني.

في ١٥ من ديسمبر عام ٢٠١٦، أصدر مجلس الدولة الصيني "الخطة الخمسية الثالثة العشرة للمعلوماتية الوطنية"، وتهدف هذه "الخطة" إلى تنفيذ "الخطة الخمسية الـ١٣" و"عريضة استراتيجية تطوير المعلوماتية الوطنية"، وتعد جزءا هاما في "الخطة الخمسية الـ١٣" وتكون توجيهات لأعمال المعلوماتية في مختلف المناطق والقطاعات خلال فترة الخطة الخمسية الـ١٣. واقترحت هذه الخطة تعزيز الابتكار وتعزيز التنسيق والتوازن ودعم التنمية الخضراء والمنخفضة الكربون وتعميق التعاون المفتوح وتعزيز البناء المشترك وتقاسم الإنجازات والوقاية من المخاطر الأمنية، وطرحت المتطلبات في ١٠ مجالات تشمل بناء نظام تكنولوجيا معلوماتية حديثة ونظام إيكولوجي

للصناعات وبناء نظام متطور للبنية التحتية للمعلومات وبناء نظام موحد ومنفتح للبيانات الضخمة وبناء نظام متكامل ومبتكر للاقتصاد المعلوماتي ودعم بناء نظام فعال للحوكمة الوطنية وتشكيل نظام شمولي ومواتي ومناسب لأبناء الشعب وإنشاء نظام تنمية منسقة بين الشؤون المدنية والعسكرية في مجال شبكة الإنترنت والمعلوماتية وتوسيع نظام لخدمة عولمة الشركات في مجال شبكة الإنترنت والمعلوماتية وتحسين نظام حوكمة للفضاء الإلكتروني وتحسين نظام ضمان أمن سيبراني.

من نهاية عام ٢٠١٦ إلى منتصف عام ٢٠١٧، بعد اعتماد الفرقة القيادية المركزية للأمن السيبراني والمعلوماتية، أصدرت إدارة الفضاء الإلكتروني الصينية "الاستراتيجية الوطنية لأمن الفضاء الإلكتروني"؛ وفيما يتعلق ببناء البنية التحتية للمعلومات وصناعة البيانات الضخمة، أصدرت اللجنة الوطنية للتنمية والإصلاح ووزارة الصناعة وتكنولوجيا المعلومات الصينية "خطة عمل لمدة ثلاث سنوات لتنفيذ المشاريع الرئيسية للبنية التحتية للمعلومات" و"خطة تطوير صناعة البيانات الضخمة (٢٠١٦- ٢٠٢٠)" على التوالي.

في يناير عام ٢٠١٧، من أجل التنفيذ الشامل لاستراتيجية بناء دولة قوية في مجال شبكة الإنترنت وتعزيز التنمية الصحية والمنتظمة للإنترنت المحمول في الصين، أصدر مكتب اللجنة المركزية للحزب الشيوعي الصيني ومكتب مجلس الدولة الصيني "آراء حول تعزيز التنمية الصحية والمنتظمة للإنترنت المحمول"، وطرحا التوجيهات في عدة مجالات تشمل دفع التطور المبتكر للإنترنت المحمول والوقاية من مخاطر الإنترنت المحمول. وفي الوقت نفسه، أصدرت وزارة الصناعة وتكنولوجيا المعلومات الصينية "خطة تطوير شبكة المعلومات والاتصالات وأمن المعلومات (٢٠١٦ - ٢٠٢٠)" وطرحت بعض التدابير الوقائية في ستة مجالات تشمل على تعزيز بناء الهيكل التنظيمي وتعزيز الضمان المالي وبناء نوع جديد من مراكز البحوث وتعزيز إعداد فرق المواهب وتعزيز الدعاية والتعليم وتخطيط التنظيم والتطبيق. وفي يناير أيضا، أصدرت إدارة الفضاء الإلكتروني الصينية "الخطة الوطنية للتعامل مع حالات الطوارئ حول الأمن السيبراني"، وأوضحت تعريف حوادث الأمن السيبراني، وقسمت حوادث الأمن السيبراني إلى أربعة مستويات، وطرحت متطلبات محددة في مجالات متابعة حوادث الأمن السيبراني وإصدار الإنذار المبكر والاستجابة للطوارئ والتحقيق والتقييم والوقاية من وقوع حوادث الأمن السيبراني وغيرها.

في مارس عام ٢٠١٧، أصدرت وزارة الخارجية الصينية وإدارة الفضاء الإلكتروني الصينية بشكل مشترك "استراتيجية التعاون الدولي في مجال الفضاء الإلكتروني" التي اتخذت التنمية السلمية والتعاون والفوز المشترك كموضوعها الرئيسي، استهدفت إلى بناء مجتمع ذي مصير مشترك في الفضاء الإلكتروني، وأوضحت لأول مرة أفكار الصين في تعزيز التعاون والتبادلات الدولية في مجال الفضاء الإلكتروني بشكل منتظم، وطرحت الحلول

الصينية لحل مشاكل حوكمة الفضاء الإلكتروني العالمية. وتعد هذه الإستراتيجية وثيقة أساسية تساعد الصين على المشاركة في التعاون والتبادلات الدولية في مجال الفضاء الإلكتروني وتشجع المجتمع الدولي على العمل معا لبناء فضاء إلكتروني آمن وسلمي ومنفتح وتعاوني ومنظم.

في ٣٠ من مارس عام ٢٠١٧، أصدرت وزارة الصناعة وتكنولوجيا المعلومات الصينية "خطة العمل لمدة ثلاث سنوات لتطوير الحوسبة السحابية (٢٠١٧ – ٢٠١٩)"، وبدأ تنفيذه من تاريخ الإصدار. وتهدف هذه الخطة إلى تعزيز تنفيذ استراتيجية الدولة القوية في التصنيع والدولة القوية في مجال شبكة الإنترنت، وطرحت الأفكار التوجيهية والمبادئ الأساسية والأهداف التنموية والمهام الرئيسية وتدابير الحماية لتطوير الحوسبة السحابية في الصين في السنوات الثلاث المقبلة.

في أبريل عام ٢٠١٧، من أجل حماية أمن البيانات الشخصية والبيانات المهمة والحفاظ على سيادة الفضاء الإلكتروني والأمن القومي وتعزيز التنقل المنظم والحر لمعلومات شبكة الإنترنت وفقا للقانون، قامت إدارة الفضاء الإلكتروني الصينية والدوائر المعنية الأخرى بصياغة "تدابير تقييم الأمن لنقل البيانات الشخصية والبيانات المهمة عبر الحدود (مسودة استشارية)" وفقا لـ"قانون الأمن القومي لجمهورية الصين الشعبية" و"قانون الأمن السيبراني لجمهورية الصين الشعبية" وغيرهما من القوانين واللوائح. وفي مايو، أصدرت اللجنة الفنية الوطنية لتقييس أمن المعلومات "مبادئ توجيهية لتكنولوجيا أمن البيانات وتقييم أمن نقل البيانات عبر الحدود (مسودة)"، ووفرت "المبادئ التوجيهية" إرشادات عملية لتطبيق نظام تقييم أمن نقل البيانات الشخصية والبيانات المهمة عبر الحدود الذي ينص عليه "قانون الأمن السيبراني لجمهورية الصين الشعبية" و"تدابير تقييم الأمن لنقل البيانات الشخصية والبيانات المهمة عبر الحدود".

في مايو عام ٢٠١٧، أصدرت إدارة الفضاء الإلكتروني الصينية "تدابير مراجعة أمن منتجات وخدمات الشبكة (نسخة تجريبية)" و"لوائح عملية إنفاذ القانون الإداري لإدارة محتويات معلومات شبكة الإنترنت" و"لوائح جديدة لإدارة خدمات المعلومات الإخبارية على شبكة الإنترنت"، وبدأ تنفيذ كل هذه التدابير واللوائح في أول يونيو عام ٢٠١٧. وأصدرت محكمة الشعب العليا والنيابة الشعبية العليا في الصين "تفسير العديد من المسائل المتعلقة بتطبيق القوانين في عملية التعامل مع القضايا الجنائية لانتهاك بيانات المواطنين الشخصية"، مما يوفر الأساس لمعاقبة الأنشطة الإجرامية التي تنتهك بيانات المواطنين الشخصية وحماية أمن بيانات المواطنين الشخصية ومصالحهم الشرعية.

في مايو عام ٢٠١٧، نشر مكتب مجلس الدولة الصيني "خطة تنفيذ تكامل أنظمة المعلومات الحكومية"،

ومع التركيز على الاحتياجات الملحة للحوكمة الحكومية والخدمات العامة، طرحت الخطة المهام الرئيسية وطرق إنجازها لتعزيز تكامل أنظمة المعلومات الحكومية وتقاسم البيانات الحكومية وتشجيع أجهزة مجلس الدولة الصيني والحكومات المحلية على تعزيز الترابط والتواصل في نظام المعلومات. وفي نفس الشهر، أصدرت وزارة الموارد المائية الصينية "التصميم على المستوى الأعلى للأمن السيبراني في مجال الموارد المائية"، هادفة إلى توحيد معايير إدارة بناء الأمن السيبراني في مجال الموارد المائية ودفع أعمال الأمن السيبراني في مجال الموارد المائية وتعزيز حماية أمن البنية التحتية للمعلومات الرئيسية في مجال الموارد المائية وترقية قدرة حماية الأمن السيبراني في مجال الموارد المائية. وبعد ذلك، نشرت وزارة الصناعة وتكنولوجيا المعلومات الصينية "المبادئ التوجيهية لإدارة حوادث الأمن السيبراني الطارئة في أنظمة التحكم الصناعية"، التي توفر مبادئ توجيهية لأعمال إدارة حوادث الأمن السيبراني الطارئة في أنظمة التحكم الصناعية وضمان أمن المعلومات في أنظمة التحكم الصناعية.

في مايو عام ٢٠١٧، نشر مكتب مجلس الدولة الصيني "توجيهات تطوير المواقع الإلكترونية الحكومية" التي طرحت متطلبات واضحة لبناء وتطوير المواقع الإلكترونية الحكومية في الصين.

في يونيو عام ٢٠١٧، صاغت وأصدرت إدارة الفضاء الإلكتروني الصينية ووزارة الصناعة وتكنولوجيا المعلومات الصينية ووزارة الأمن العام الصينية واللجنة الوطنية الصينية لإدارة الشهادات والاعتماد "قائمة معدات الشبكة الرئيسية ومنتجات الأمن السيبراني المتخصصة (الدفعة الأولى)"؛ وأصدرت وزارة الصناعة وتكنولوجيا المعلومات الصينية "خطة الاستجابة لحوادث الأمن السيبراني الطارئة في شبكات الإنترنت العامة"؛ ونشر بنك الشعب الصيني "الخطة الخمسية الثالثة عشرة لتكنولوجيا المعلومات في القطاع المالي في الصين"، التي حددت بوضوح الأفكار التوجيهية والمبادئ الأساسية وأهداف التنمية والمهام الرئيسية وإجراءات الحماية لأعمال تكنولوجيا المعلومات في القطاع المالي خلال فترة الخطة الخمسية الثالثة عشرة؛ وفي ٢٧ من يونيو، أقر الاجتماع الـ٢٨ للجنة الدائمة للمجلس الوطني الـ١٢ لنواب الشعب الصيني "قانون الاستخبارات الوطني لجمهورية الصين الشعبية"، حيث طرح الأحكام القانونية لضمان الأعمال الاستخبارية الوطنية وحماية الأمن القومي والمصالح الوطنية.

في يوليو عام ٢٠١٧، أصدرت إدارة الفضاء الإلكتروني الصينية "لوائح حماية أمن البنية التحتية الحيوية للمعلومات الرئيسية (مستودة)"، وتعد هذه اللوائح أحكاما داعمة مهمة لـ"قانون الأمن السيبراني لجمهورية الصين الشعبية"، وتهدف إلى حماية أمن البنية التحتية الحيوية للمعلومات الرئيسية، وتوحيد المعايير لتخطيط وبناء وتشغيل وصياغة واستخدام البنية التحتية الحيوية للمعلومات الرئيسية وأعمال حماية أمن البنية التحتية الحيوية للمعلومات الرئيسية في الصين. وطرحت هذه اللوائح متطلبات أكثر تفصيلا وعملية لتحديد البنية التحتية الحيوية للمعلومات

الرئيسية (CII) ومسؤوليات مختلف سلطات الرقابة والتزامات المشغلين لحماية الأمن السيبراني ونظام اختبار وتقييم الأمن السيبراني، ووفرت دعما قانونيا مهما لأعمال حماية أمن البنية التحتية الحيوية للمعلومات الرئيسية.

في أغسطس عام ٢٠١٧، أصدرت وزارة الصناعة وتكنولوجيا المعلومات الصينية "تدابير إدارة أعمال تقييم قدرة حماية أمن المعلومات في أنظمة التحكم الصناعية"، هادفة إلى توحيد المعايير لأعمال تقييم قدرة حماية أمن المعلومات في أنظمة التحكم الصناعية وتحسين مستوى حماية أمن المعلومات في أنظمة التحكم الصناعية بشكل فعال. وفي نفس الشهر أصدرت الوزارة أيضا "توجيهات بناء نظام التقييس للإنترنت المحمول"، هادفة إلى تعزيز التنمية الصحية والمنتظمة لصناعة الإنترنت المحمول وتحسين بقوة دور المعايير في إرشاد وقيادة وضمان تطور صناعة الإنترنت المحمول.

في نوفمبر عام ٢٠١٧، نشرت وزارة الصناعة وتكنولوجيا المعلومات الصينية "خطة الاستجابة لحوادث الأمن السيبراني الطارئة في شبكات الإنترنت العامة" التي تنص بوضوح على تصنيف الحوادث والرقابة والإنذار المبكر والاستجابة للطوارئ والوقاية والتأهب للطوارئ وتدابير الحماية وغيرها من المحتويات، هادفة إلى ترقية القدرة الشاملة على الاستجابة لحوادث الأمن السيبراني الطارئة في شبكات الإنترنت العامة وضمان التحكم الفعال وتخفيف وإلغاء الأضرار والخسائر الاجتماعية الناجمة عن حوادث الأمن السيبراني الطارئة في شبكات الإنترنت العامة وضمان التشغيل المستمر لشبكات الإنترنت العامة وحماية أمن البيانات في شبكات الإنترنت العامة وحماية أمن الفضاء الإلكتروني الوطني وضمان الأداء الاقتصادي والنظام الاجتماعي.

لعبت هذه القوانين واللوائح والتوجيهات والخطط دورا أساسيا ومعياريا وقياديا في بناء الفضاء الإلكتروني الآمن وتعزيز إصلاح نظام الحوكمة في مجال شبكة الإنترنت. وإن إصدارها على التوالي يشير إلى أن عملية توحيد المعايير في بناء الأمن السيبراني تستمر في التسارع، وسيلعب دورا هاما في تطبيق استراتيجية بناء دولة قوية في مجال شبكة الإنترنت وتعزيز تنمية الصناعات وتحسين الضمان المؤسسي، كما سيسهم بشكل فعال في تعزيز التنمية الصحية لصناعة الأمن السيبراني.

بالإضافة إلى ذلك، تقوم بكين وتشنغدو وتشونغتشينغ وشنتشن وهانتشو وقوييانغ وغيرها من المدن الصينية بأعمال بناء المجمعات الصناعية للأمن السيبراني. وتعمل وزارة الصناعة وتكنولوجيا المعلومات الصينية على تعزيز بناء المجمع الصناعي الوطني للأمن السيبراني. وأطلقت مدينة ووهان بمقاطعة هوبي في عام ٢٠١٦ أعمال بناء "قاعدة ابتكارية وطنية لمواهب الأمن السيبراني"، هادفة إلى بناء أول قاعدة وطنية مميزة لـ"أكاديمية الأمن السيبراني + وادي الصناعة الابتكارية" في الصين. وحول إنشاء المجمعات الصناعية والقواعد الوطنية

في ١٩ من سبتمبر عام ٢٠١٦، أقيم حفل توقيع اتفاقية لبناء القاعدة الابتكارية الوطنية لمواهب الأمن السيبراني في مدينة ووهان.

للأمن السيبراني، أصدرت الحكومات المحلية والدوائر الوطنية ذات الصلة سلسلة من السياسات الإرشادية لتعزيز تنمية الشركات وتحسين بيئة السوق، وعملت على تطوير هذه المجمعات الصناعية والقواعد الوطنية لتكون منصة هامة لتعزيز التنمية الاقتصادية الإقليمية وتحملها المسؤوليات عن المهام الكبيرة مثل جمع الموارد المبتكرة وتنمية الصناعات الناشئة وتعزيز بناء الحضرنة. وبعد تلخيص تجربة تطوير الدول القوية في مجال شبكة الإنترنت في العالم، يمكن القول إن صناعة الأمن السيبراني التي يمكن أن تتوافق مع قواعد اقتصاد السوق وتتمتع بهيكل الحوكمة الفعال تعد أحد أهم المكونات لنظام قدرة بلد على حماية الأمن السيبراني. وفي الصين، تعد كيفية تطوير وتقوية صناعة الأمن السيبراني أيضا المفتاح لتعزيز بناء دولة قوية في مجال شبكة الإنترنت.

٤. التمسك بالانفتاح والتكامل وتعزيز التنمية الصناعية

تتبع الصين بثبات طريق التنمية السلمية، وتلتزم بوجهة النظر الصحيحة للعدالة والمنفعة، وتشجع على إقامة نمط جديد من العلاقات الدولية يتسم بالتعاون المربح لجميع الأطراف. وتأخذ استراتيجية التعاون الدولي الصينية في مجال الفضاء الإلكتروني التنمية السلمية كموضوعها الرئيسي، وتدعو إلى اعتبار السلام والسيادة والحوكمة

المشتركة والشمولية كالمبادئ الأساسية للتبادل الدولي والتعاون الدولي في الفضاء الإلكتروني. وحظت دعوة الصين إلى بناء "مجتمع ذي مصير مشترك في الفضاء الإلكتروني" بالاعتراف والدعم من معظم دول العالم والمنظمات الدولية.

تحت إرشاد مفهوم التنمية السلمية، ستتبع الصين بثبات مسار التنمية المفتوحة في مجال الأمن السيبراني وتكنولوجيا المعلومات: "لا يمكن للصين إغلاق باب الانفتاح، ولن تغلق باب الانفتاح أبدا. ويجب علينا تشجيع ودعم الشركات الصينية العاملة في مجال تكنولوجيا المعلومات على توسيع أعمالها خارج البلاد وتعميق التبادل والتعاون الدوليين في مجال شبكة الإنترنت، والمشاركة بنشاط في بناء "مبادرة الحزام والطريق" لتحقيق "أين توجد المصالح الوطنية، حيث تتم تغطية المعلوماتية". وبالنسبة إلى شركات الإنترنت الأجنبية، طالما تلتزم بقوانيننا ولوائحنا، نرحب بها...... وإن الأمن السيبراني مفتوح وليس مغلقا. وفقط من خلال خلق بيئة مفتوحة وتعزيز التبادلات الأجنبية والتعاون والتفاعل واستيعاب التقنيات المتقدمة، يمكن رفع مستوى الأمن السيبراني باستمرار."[a] تعبر كل هذه بوضوع عن رغبة الحكومة الصينية في الالتزام بالتنمية المفتوحة.

تعمل الحكومة الصينية بنشاط على تعزيز التعاون الدولي وتقاسم تقنيات الإنترنت، وتعميق التعاون التقني بين البلدان في مجالات الاتصالات الشبكية والإنترنت المحمول والحوسبة السحابية إنترنت الأشياء والبيانات الضخمة لحل مشاكل تطوير تكنولوجيا الإنترنت بشكل مشترك وتعزيز تطور الصناعات الجديدة والأعمال الجديدة.

تمتلك شركة سيسكو سيستمز وشركة آي بي إم وشركة مايكروسوفت وشركة أوراكل وشركة أبل وما إلى ذلك حصص كبيرة في السوق الصينية، وتحتل معظم خصص السوق الراقية في الصناعات الرئيسية مثل المالية في الصين. وشاركت شركات تكنولوجيا المعلومات الدولية في عملية المعلوماتية في الصين، وحققت أيضا عوائد مالية جيدة للغاية.

هناك عديد من النماذج الناجحة في تعزيز التعاون العميق بين الصناعات الصينية والأجنبية. على سبيل المثال، أنشأت شركة مجموعة تكنولوجيا الإلكترونيات الصينية وشركة مايكروسوفت بشكل مشترك شركة شنتشو المحدودة لتكنولوجيا المعلومات (باختصار شركة شنتشو لتكنولوجيا المعلومات) التي تهدف إلى توفير للدوائر الحكومية الصينية والشركات المملوكة للدولة في مجال البنية التحتية الحيوية منتجات وخدمات نظام التشغيل التي تتميز بالأمان والقابلية للتحكم والتقنيات المتقدمة وتتوافق مع متطلبات سلطات الرقابة والمستخدمين. ويعد التعاون

a مقتبس من كلمات الأمين العام شي جين بينغ في ندوة الأعمال حول الأمن السيبراني والمعلوماتية في ١٩ من أبريل عام ٢٠١٦.

في ١٧ من ديسمبر عام ٢٠١٥، وقعت شركة مجموعة تكنولوجيا الإلكترونيات الصينية وشركة مايكروسوفت افتاقية لإنشاء شركة شنتشو لتكنولوجيا المعلومات في المؤتمر العالمي للإنترنت الذي عقد في ووتشن بمقاطعة تشجيانغ.

بين شركة مجموعة تكنولوجيا الإلكترونيات الصينية وشركة مايكروسوفت تعاونا رئيسيا بين الصين والولايات المتحدة في مجال التكنولوجيا المتقدمة وأظهر روح التعاون المفتوح بين الجانبين. وبدعم مساهمي كلا الطرفين الصيني والأمريكي، ستعمل شركة شنتشو لتكنولوجيا المعلومات على إعداد مواهب الإدارة والمواهب الفنية المتازين من خلال التعاون المفتوح وتحسين القوة التقنية الصينية وتحفيز حيوية الابتكار ومساعدة الصين على تطوير المزيد من التكنولوجيات ذات المستوى العالمي ومساعدتها على أن تصبح رائدة في مجال الابتكار التكنولوجي.

الفصل الثاني
تكنولوجيا الأمن السيبراني

١. تعزيز بناء نظام القدرات وتعزيز ابتكار تكنولوجيا الأمن السيبراني

يعد الفضاء الإلكتروني نظاما متكاملا، وإن ترابطه وانفتاحه وعالميته، وتقاسم البيانات والمعلومات، والطبيعة العامة لقنوات الاتصالات، تجعل مشاكل الأمن السيبراني أن تتمتع بـ"تأثيرات كبيرة" و"تأثيرات متسلسلة"، وقد يهدد الضعف في أي حلقة، الأمن السيبراني للأفراد والمنظمات وحتى البلد بأسره، ويتطلب بناء قدرات حماية الأمن السيبراني أفكارا وطرقا منهجية.

منذ انعقاد المؤتمر الوطني الـ١٨ للحزب الشيوعي الصيني، وضعت الصين خططا استراتيجية وطنية كاملة نسبيا للأمن السيبراني وأصدرت "قانون الأمن السيبراني لجمهورية الصين الشعبية" وغيره من القوانين واللوائح. ووفقا للوضع العملي للأمن السيبراني في البلاد، وعلى أساس تجربة بناء الدول القوية في مجال شبكة الإنترنت في العالم، قامت الحكومة الصينية بتحسين تدريجيا أعمال بناء نظام حماية الأمن السيبراني في البلاد.

تشمل الأعمال المعنية التي تقوم بها الصين حاليا على :تعزيز تنفيذ استراتيجية الأمن السيبراني الوطنية وتصنيف أعمال حماية الأمن السيبراني وصياغة استراتيجيات وجداول زمنية للتطوير؛ وبناء هيكل إدارة ذي لخصائص لصينية للأمن السيبراني وتحديد مسؤوليات الإدارات المختلفة بشكل تفصيلي؛ وتشجيع بناء نظام وقاية شامل للأمن السيبراني وتسريع البحوث العلمية لاستراتيجيات الدفاع عن الأمن السيبراني وبناء النظم المعنية

في ١٠ من مايو عام ٢٠١٨، افتتح معرض الصين تشنغدو الدولي لمنتجات وتكنولوجيات الأمن العام للمجتمع الدولي، وأظهر مجموعة من المنتجات ذات التكنولوجيا الفائقة في مجالات حماية الأمن السيبراني والدفاع عن الأمن العام والمدن الذكية.

وتعزيز بناء منصة لتوفير الإنذار المبكر لحوادث الأمن السيبراني العالمية والوقاية من حدوثها، وبذل الجهود لتحقيق الإنذار الدقيق لحوادث الأمن السيبراني؛ وبناء نظام إيكولوجي عالمي لصناعة الأمن السيبراني وتعزيز التعاون بين مختلف الصناعات وتحسين هيكل السلسلة الصناعية وتسريع تطوير التقنيات الرئيسية والتكنولوجيات الجوهرية والتكنولوجيات المبتكرة في مجال الأمن السيبراني.

من أجل تعزيز تطوير التقنيات الأساسية، تعمل الصين حاليا على تنسيق الوضع العام وتسليط الضوء على النقاط الرئيسية والبحث عن "طريق اختراق" لتطوير التقنيات الأساسية. وهذا "الطريق" هو: إتباع قانون التطور التكنولوجي ومن خلال تحسين البيئة السوقية وتحسين البيئة المؤسسية، تطوير التكنولوجيا التطبيقية على أساس البحوث الأساسية وبناء نظام ابتكاري منسق عبر العلوم والتخصصات والمجالات يربط بين الإنتاج والتعليم والبحث. ويعد هذا طريق اختراق استراتيجيا يتميز بالابتكار المستقل.

في ٣ من ديسمبر عام ٢٠١٤، نشر مجلس الدولة الصيني "برنامج بشأن تعميق الإدارة والإصلاح لخطط العلوم والتكنولوجيا والمالية المركزية (المشاريع الخاصة والصناديق وغيرها)" برقم ٦٤ (٢٠١٤). وينقسم

البرنامج إلى خمسة أجزاء: الأهداف العامة والمبادئ الأساسية، وبناء منصة وطنية موحدة ومفتوحة لإدارة العلوم والتكنولوجيا، وتحسين ترتيبات خطة العلوم والتكنولوجيا (المشاريع الخاصة والصناديق وغيرها)، وتنسيق خطط العلوم والتكنولوجيا الحالية (المشاريع الخاصة والصناديق وغيرها) والتقدم المحرز في تنفيذ البرنامج ومتطلبات العمل. وتتمثل أهداف الإصلاح في: تعزيز التصميم على المستوى الأعلى، وكسر تقسيم الكتلة، وإصلاح نظام الإدارة، وتنسيق وتوحيد الموارد العلمية والتكنولوجية، وتعزيز التقسيم الوظيفي للقطاعات المختلفة، وإنشاء منصة وطنية مفتوحة وموحدة لإدارة العلوم والتكنولوجيا، وبناء نظام العلوم والتكنولوجيا (المشاريع الخاصة والصناديق وغيرها) الذي ترتيباته العامة معقولة ووظائفه واضحة ويتمتع بالخصائص الصينية، وتشكيل نظام تنظيم وإدارة علمي وفعال ومنفتح وشفاف، والتركيز بشكل أكثر على الأهداف الوطنية، والتماشي بشكل أفضل مع قوانين ابتكار العلوم والتكنولوجيا، وتخصيص أكثر كفاءة للموارد العلمية والتكنولوجية، وتعزيز التكامل الوثيق بين العلوم والتكنولوجيا والاقتصاد، وتفعيل حماسة الباحثين للابتكار، وتفعيل بشكل كامل دور خطط العلوم والتكنولوجيا الحالية (المشاريع الخاصة والصناديق وغيرها) في تحسين الإنتاجية الاجتماعية، وتعزيز القوة الوطنية الشاملة، وتعزيز القدرة التنافسية الدولية، وحماية الأمن القومي. وينص البرنامج بوضوح على تنسيق وتحسين أكثر من

في مايو عام ٢٠١٨، زار الزوار مركز تشغيل الأمن السيبراني الحضري في معرض الصين الدولي لصناعة البيانات الضخمة.

١٠٠ خطة علوم وتكنولوجيا سابقة لتحديدها في خمس فئات: الصناديق الوطنية للعلوم الطبيعية والمشاريع الوطنية الرئيسية للعلوم والتكنولوجيا والمشاريع الوطنية الرئيسية للبحوث والمشاريع الخاصة بإرشاد الابتكار التكنولوجي (الصناديق) والمشاريع الخاصة بإنشاء القواعد وإعداد المواهب.

أطلقت الصين الأعمال الخاصة بالبرنامج الوطني الرئيسي للبحث والتطوير في مجال "أمن الفضاء الإلكتروني". وعملت على تنسيق المشاريع السابقة في البلاد، مثل برنامج ٨٦٣ وبرنامج ٩٧٣ والخطة الوطنية لدعم العلوم والتكنولوجيا ومشاريع التعاون الدولي في مجال العلوم والتكنولوجيا التابعة لوزارة العلوم والتكنولوجيا الصينية ومشاريع بحوث وتطوير التكنولوجيا الصناعية التي أدارتها اللجنة الوطنية الصينية للتنمية والإصلاح ووزارة الصناعة وتكنولوجيا المعلومات الصينية والمشاريع غير الربحية للبحث العلمي التي أدارتها القطاعات الحكومية الأخرى. ووفقا لإرشادات البرنامج، إن الهدف العام لمشاريع أمن الفضاء الإلكتروني هو دفع بناء نظام "يتماشى مع القواعد الدولية" و"يتكيف مع متطلبات تطوير شبكة الإنترنت في الصين" في حماية أمن وحوكمة الفضاء الإلكتروني "المستقل" وتقنيات تحليل وتقييم الفضاء الإلكتروني. ويشمل البرنامج على خمسة سلاسل ابتكارية، وستطلق الدفعة الأولى المتكونة من ٨ مشاريع في ٥ مجالات، بما في ذلك البحث في إنشاء آلية لتكنولوجيا الوقاية المبتكرة والبحث في حماية أمن تكنولوجيا المعلومات على شبكة الإنترنت. وستتحمل وزارة الصناعة وتكنولوجيا المعلومات الصينية المسؤولية عن إدارة هذه المشاريع.

إن الصين أكبر دولة نامية في العالم، وثاني أكبر اقتصاد في العالم، ومساهم رئيسي في النمو الاقتصادي العالمي. وظلت الصين تتمسك بمفهوم التنمية السلمية باعتبارها قوة مهمة في الحفاظ على السلام العالمي. وإن التنمية المستقرة في الصين لا تعود بالنفع على الشعب الصيني البالغ عدده ١٫٤٢ مليار نسمة فحسب، بل إنها تعد أيضا مساهمة رئيسية في تنمية المجتمع البشري. وبدون الأمن القومي، لا يوجد أمن وطني. وستنفذ الصين بثبات بناء نظام القدرات على حماية الأمن السيبراني وتعزيز الابتكار التكنولوجي، وستعمل على بناء الفضاء السيبراني ليصبح ديارا روحيا جميلا لمئات الملايين من الناس، وتجعل الفضاء السيبراني يتمتع بالبيئة الإيكولوجية الجيدة وتجلب الرفاه لتقاسم لتكنولوجيا المعلومات بين جميع الشعوب.

٢. تعزيز بقوة الاستقلالية في مجالات التكنولوجيا الأساسية

أولت جميع الدول اهتماما كبيرا بتطوير البحوث العلمية والتطبيقات العلمية نظرا لأن قدرة حماية الأمن السيبراني تعتمد اعتمادا كبيرا على القوة التقنية لمعلومات الشبكة، واتخذت التدابير الاستراتيجية لتحسين

استقلالية التكنولوجيا.

لقد طالب القادة الصينيون بوضوح بمواصلة دفع تطوير التكنولجيا الأساسية في مجال المعلومات بعزم.

إن إتقان التكنولوجيا الأساسية وتحقيق استقلالية تكنولوجيا المعلومات الحيوية هو طريق وحيد لتحقيق الهدف المتمثل في بناء دولة قوية في مجال شبكة الإنترنت وضمان التنمية المستدامة لمجتمع المعلومات وحماية الأمن القومي. ومن جهة، تعد التكنولوجيا الأساسية سلاح الدولة المهم، ويجب تحقيق الاستقلالية والاعتماد على الذات في مجال التكنولوجيات الأكثر أهمية. ولا يمكن للسوق جلب التكنولوجيا الأساسية، ولا يمكن شراء التكنولوجيا الأساسية بالأموال، بل يجب الاعتماد على الذات لبحوث وتطوير التكنولوجيا الأساسية. ومن جهة أخرى، يجب أن نستمر في الابتكار والانفتاح. وإن تأكيد الصين على الابتكار المستقل لا يعني إجراء البحوث العلمية بمفردها. وفقط من خلال خلق بيئة مفتوحة وتعزيز التبادل والتعاون والتفاعل والتنافس مع العالم الخارجي واستيعاب التقنيات المتقدمة، يمكننا تحسين مستوى الأمن السيبراني باستمرار وتجنب ركود التنمية.

إن الاستقلالية لا تعني استخدام البضائع والتقنيات المحلية فقط، ولا يعني إغلاق باب الانفتاح لإجراء

في ٣ من ديسمبر عام ٢٠١٧، عقد "المؤتمر الصحفي لإظهار الإنجازات العلمية والتكنولوجية العالمية الرائدة في شبكة الإنترنت" للدورة الرابعة للمؤتمر العالمي للإنترنت في مركز ووتشن الدولي للمؤتمرات والمعارض.

البحوث العلمية، بل تتطلب بتحقيق الاختراق في التكنولوجيا الأساسية. وإن صناعة المعلومات هي عبارة عن نظام سلسلة إيكولوجية سلسلة توريد مفتوحة تتعاون فيه جميع دول العالم، ومن أجل تطوير التكنولوجيا الأساسية المستقلة، يجب إيلاء اهتمام كبير بقدرة الحلقات الحيوية في سلسلة التكنولوجيا الصناعية وجعل جميع الحلقات الحيوية في سلسلة التوريد الرئيسية مترابطة ارتباطا وثيقا. وهناك معيار أساسي لاختبار ما ذا كانت الاستقلالية بالفعل، أي إن التنمية الصناعية لا تخضع لتحكم الآخرين، والأمن السيبراني لا يخضع لتحكم الآخرين.

لا تقبل الصين التهديدات والابتزاز الذي فرضته أي دولة عليها باستخدام المزايا التكنولوجية الأساسية. وتعارض الصين بحزم أي شكل من أشكال "الهيمنة التقنية"! ولن تسعى الصين إلى تحقيق المصالح غير المشروعة بعد تحقيق الاختراقات في التكنولوجيا الأساسية باستخدام الوسائل التي لا تتوافق مع آلية السوق العادلة والقواعد الشائعة في التجارة الدولية.

إن التكنولوجيا الأساسية هي "أنف البقر" في تطوير صناعة تكنولوجيا الأمن السيبراني. وستأخذ الصين متطلبات حماية الأمن السيبراني في المجتمع بأسره كقوة دافعة أساسية، وتعمل على تحقيق الانتصار في حملة تطوير التكنولوجيا الأساسية لحماية الأمن السيبراني وتدعم الشركات والجامعات ومؤسسات البحث العلمي لتحقيق الاختراقات في تطوير التكنولوجيا الأساسية وتعزيز البحوث العلمية للأمن السيبراني في مجالات الإنترنت الصناعية والذكاء الاصطناعي والبيانات الضخمة وغيرها من تطبيقات التكنولوجيا الجديدة.

ستعمل الصين على تحويل تكنولوجيا الأمن السيبراني إلى الإنجازات الواقعية وفقا للمتطلبات، وتوسيع سوق منتجات وخدمات الأمن السيبراني وإرشاد الصناعات الرئيسية مثل الاتصالات والطاقة والتمويل والنقل لزيادة الاستثمار في الأمن السيبراني في البنية التحتية الحيوية وتعزيز تعميم وتطبيق منتجات وخدمات الأمن السيبراني وتطوير التكنولوجيا الجديدة والتطبيقات الجديدة وتسريع الترقيات والابتكارات في منتجات وخدمات الأمن السيبراني.

الفصل الثالث
مواهب الأمن السيبراني

١. تعزيز بناء التخصص في الأمن السيبراني

"تعتمد إدارة الدولة وتعزيز التنمية الاقتصادية على إعداد المواهب أساسا". وفي جميع أنحاء العالم، ظل عدد ونوعية المواهب يقرر في نهاية المطاف ازدهار أو انحطاط بلد وأمة وصناعة. وجلب التطور السريع للعولمة والمعلوماتية فرص وتحديات غير مسبوقة للصين في اكتشاف المواهب وتدريب المواهب وإعداد المواهب الاحتياطية. وطرحت الحكومة الصينية الهدف الطموح المتمثل في بناء دولة مبتكرة ودولة قوية في مجال شبكة الإنترنت، كما وضعت متطلبات جديدة لتطوير المواهب.

هناك فجوة كبيرة في إعداد مواهب الأمن السيبراني في الصين. ووفقا لـ"تقرير أمان تطوير شبكة الإنترنت في النصف الأول من عام ٢٠١٧" الذي أصدرته شركة تينسنت، تجاوز الطلب الإجمالي لمواهب الأمن السيبراني في الصين ٧٠٠ ألف. وتوقع التقرير أن عدد العاملين سيبلغ ١,١٢ مليون بحلول عام ٢٠٢٠ و٣,٣٦ مليون بحلول عام ٢٠٢٧ و١٠,٠٩ مليون بحلول عام ٢٠٣٥. وفي الوقت الحالي، إن عدد الطلاب في التخصصات ذات الصلة أقل بكثير من العدد المطلوب.

أصدر مكتب وزارة التربية والتعليم الصينية ومكتب وزارة الصناعة وتكنولوجيا المعلومات الصينية في فبراير عام ٢٠١٤ "إشعار بشأن التحقيق في أحوال إعداد مواهب الأمن السيبراني" (رقم ٤ [٢٠١٤] مكتب وزارة التربية والتعليم الصينية). ووفقا لهذا التحقيق، قامت المعاهد والجامعات الصينية بإعداد نحو ١١ ألف مهني في مجال الأمن

السيبراني سنويا في الفترة ما بين عامي ٢٠١٢ و٢٠١٤، وبين الطلاب المتخرجين، يمثل الطلاب الذين حصلوا على شهادة البكالوريوس ٤٩٪، ويمثل الطلاب الذين حصلوا على شهادة الماجستير ٢٩٪، ويمثل الطلاب المتخرجين في المدارس المهنية ١٩٪، ويمثل الطلاب الذين تخرجوا في المدارس الخاصة بالبالغين ٣٪. وبلغ متوسط معدل التوظيف للطلاب الذين حصلوا على شهادة البكالوريوس في تخصص أمن المعلومات ٩٦٪. وبلغ متوسط معدل التوظيف للطلاب الذين حصلوا على شهادة الماجستير ٩٧٪، وبلغ متوسط معدل التوظيف للطلاب المتخرجين في المدارس المهنية ٩٦٫٣٪، وعملوا هؤلاء المتخرجين في الشركات والدوائر الحكومية والمؤسسات غير الربحية بشكل رئيسي. وعمل أكثر من ٢٥٪ من الطلاب الذين حصلوا على شهادة البكالوريوس في الشركات الخاصة، وعمل أكثر من ٢٥٪ من الطلاب الذين حصلوا على شهادة الماجستير في الشركات المملوكة للدولة وعمل ٢٠٪ إلى ٢٥٪ منهم في الشركات الخاصة. وتعد الشركات اتجاه التوظيف الرئيسي لخريجي الجامعات والمعاهد.

في عام ٢٠١٤، أنشأت ٨١ معهدا وجامعة في جميع أنحاء الصين ١٠٣ تخصصا أكاديميا متعلقا بأمن المعلومات، ولكن لا توجد تخصصات أمن المعلومات المناسبة في كتالوج إعداد طلاب الدراسات العليا. ومن أجل إعداد طلاب الدراسات العليا، قامت ٧٤ معهدا وجامعة صينية بترابط بحوث أمن المعلومات بـ١٤ تخصصا أكاديميا من المستوى الأول، وأنشأت بعض المعاهد والجامعات بشكل مستقل التخصصات من المستوى الثاني لأمن المعلومات. وأثرت الأسس المختلفة واتجاهات الدراسة المتباينة تأثيرا سلبيا على إعداد مواهب الأمن السيبراني بشكل منتظم، ويكون عدد مواهب الأمن السيبراني أقل بكثير من إجمالي العدد المطلوب، وهناك نقص كبير للمواهب المهنية في مجال الأمن السيبراني في الصين.

أشار التحقيق إلى أن هناك العديد من التحديات وأوجه القصور في بناء القدرات على إعداد المواهب المهنية المتعلقة بالأمن السيبراني:

① تكون فرق المعلمين في مجال الأمن السيبراني غير قوية. وإن نسبة المعلمين الذين حصلوا على درجة الدكتوراه في فرق المعلمين ليست مرتفعة، ووفقا للبيانات الصادرة في عام ٢٠١٤، كانت هذه النسبة أقل من ٦٠٪، ويكون المعلمون المحترفون الرفيعو المستوى نادرين للغاية، ويمثلون ٧٪ من إجمالي عدد المعلمين فقط، وخاصة، أن الصين ينقصها كبار الخبراء الذين يتمتعون بنفوذ وسمعة كبيرة داخل أو خارج البلاد بشكل كبير.

② ليست أنظمة الكتب المدرسية حول الأمن السيبراني متكاملة. وتكون جودة محتويات الكتب المدرسية المهنية مختلفة، وهناك حاجة ملحة لزيادة عدد كبير من مواد التدريس المهنية العالية الجودة وتحسين أنظمة الموارد التعليمية.

③ تفتقر عملية التعليم العملي إلى المنهجية. وتوجد بعض المشاكل بين عملية التدريس النظري والممارسة

الواقعية، ولا يوجد إلا عدد قليل من الأنشطة التجريبية العملية التي يمكن للطلاب المشاركة فيها. ونادرا ما يتعامل الطلاب مع مشاكل الأمن السيبراني في الواقع ولا يعرف الطلاب أحوال المنتجات السائدة لتكنولوجيا الأمن السيبراني.

④ ليس الاستثمار في تطوير التخصصات الأكاديمية المتعلقة بالأمن السيبراني كافيا. وبسبب إنشاء العلوم وإدارة التخصصات ومدى الاهتمام، يكون الاستثمار في بناء البنية التحتية للتعليم المهني المتعلق بالأمن السيبراني قليلا جدا، ولا يمكن لهذا الاستثمار تلبية احتياجات إعداد المواهب المهنية.

على هذه الخلفية، كثفت الحكومة الصينية جهودها في بناء التخصصات الأكاديمية المتعلقة بالأمن السيبراني.

في ١١ من يونيو عام ٢٠١٥، تعاونت لجنة الدرجات الأكاديمية بمجلس الدولة الصيني مع وزارة التربية والتعليم الصينية لإصدار "إشعار بشأن إنشاء التخصص الأكاديمي من المستوى الأول في مجال أمن الفضاء الإلكتروني" برقم ١١[٢٠١٥]، حيث قررت إضافة "تخصص أمن الفضاء الإلكتروني" من المستوى الأول تحت فئة "التخصصات الهندسية" مع رمز التخصص "٠٨٣٩"، ومنح شهادة "الهندسة". وإن وضع التخصص الأكاديمي من المستوى الأول في مجال "أمن الفضاء الإلكتروني" لعب دورا حاسما في تسريع إعداد المواهب الرفيعي المستوى في مجال أمن الفضاء الإلكتروني. وبتنظيم قائمة التخصص الأكاديمي من المستوى الأول في مجال "أمن الفضاء الإلكتروني"، يمكن إعداد المواهب المهنية والمبتكرة التي تحتاج إليها البلاد حسب طلبات منح شهادات البكالوريوس والماجستير والدكتوراه.

من أجل تعزيز بناء المعاهد والتخصصات الأكاديمية وإعداد المواهب في مجال الأمن السيبراني، وبعد موافقة الفرقة القيادية المركزية للأمن السيبراني والمعلوماتية، أصدر مكتب الفرقة القيادية المركزية للأمن السيبراني والمعلوماتية واللجنة الوطنية للتنمية والإصلاح ووزارة التربية والتعليم ووزارة العلوم والتكنولوجيا ووزارة الصناعة وتكنولوجيا المعلومات ووزارة الموارد البشرية والضمان الاجتماعي وغيرها من الوزارات في ٦ يونيو عام ٢٠١٦ بشكل مشترك "آراء حول تعزيز بناء التخصصات الأكاديمية للأمن السيبراني وإعداد المواهب المعنية"، وطرحت بعض المقترحات مثل تسريع بناء التخصصات والمعاهد الخاصة بالأمن السيبراني وابتكار آلية تدريب مواهب في مجال الأمن السيبراني وتعزيز تأليف موارد التدريس المتعلقة بالأمن السيبراني وتقوية بناء فرق المعلمين في مجال الأمن السيبراني وتعميق التعاون بين الجامعات والشركات في إعداد المواهب وتعزيز الابتكار وتعزيز التدريب للموظفين العاملين في مجال الأمن السيبراني وتعزيز وعي الشعب بالأمن السيبراني وتعزيز تدريب المهارات المعنية وتحسين التدابير الداعمة لتدريب موظفي الأمن السيبراني.

الصورة ١.٥ بعض الجامعات الصينية التي أنشأت تخصصات الأمن السيبراني[a]

جامعة العلوم والتكنولوجيا في الصين★	جامعة ووهان★
جامعة شيآن للتكنولوجيا الإلكترونية★	جامعة هواتشونغ للعلوم والتكنولوجيا
جامعة بكين للبريد والاتصالات	جامعة بكين للملاحة الجوية والفضائية★
جامعة شنغهاي جياو تونغ	جامعة بكين
جامعة سيتشوان★	جامعة تسينغهوا
جامعة هاربين للتكنولوجيا	جامعة الجنوب الشرقي★
جامعة العلوم الالكترونية والتكنولوجيا في الصين	جامعة تشنغدو لتكنولوجيا المعلومات
جامعة نانجينغ للبريد والاتصالات	جامعة هانغتشو للتكنولوجيا الإلكترونية
جامعة جينان	المعهد الصيني للشرطة الجنائية
جامعة هندسة المعلومات لقوات الدعم الاستراتيجي★	جامعة الأمن العام
جامعة الأكاديمية الصينية للعلوم	جامعة قانسو للعلوم السياسية والقانون
جامعة نورث وسترن الصناعية	جامعة تشنغدو للبوليتكنيك
جامعة نانكاي	جامعة خبي
جامعة نانتشانغ	جامعة قوانغتشو للدراسات الأجنبية
جامعة تيانجين	جامعة شينجيانغ
جامعة قويلين للتكنولوجيا الإلكترونية	معهد بكين للتكنولوجيا الإلكترونية

منذ انعقاد المؤتمر الوطني الـ١٨ للحزب الشيوعي الصيني، وبعد إنشاء التخصص الأكاديمي من المستوى الأول في مجال "أمن الفضاء الإلكتروني" وإصدار سلسلة من تدابير التشجيع على إعداد المواهب، حققت أعمال إعداد مواهب الأمن السيبراني في الصين تقدما مهما.

حتى نهاية عام ٢٠١٧، حصلت أكثر من ٣٥ معهدا وجامعة على موافقة لجنة الدرجات الأكاديمية بمجلس الدولة الصيني على منحها الحق في توزيع شهادات الدكتوراه لتخصص أمن الفضاء الإلكتروني من المستوى الأول.

a تم اختيار الجامعات السبع التي تحمل علامة★ في الدفعة الأولى من المشروعات النموذجية لبناء جامعات الأمن السيبراني من الدرجة الأولى.

انعقاد منتدى "إعداد مواهب الأمن السيبراني والابتكار وريادة الأعمال" في ٢٠ من سبتمبر عام ٢٠١٦ في مدينة ووهان بمقاطعة هوبي.

وحتى نهاية أبريل عام ٢٠١٨، بلغ عدد المعاهد والجامعات التي أنشأت التخصصات المتعلقة بالأمن السيبراني في الصين حوالى ٢٠٠. وفي الوقت الحالي، أنشأت ٣٥ جامعة كليات الأمن السيبراني. ووفقا للتقديرات الأولية، يبلغ عدد الخريجين المتخصصين بالأمن السيبراني في الصين حوالى ٢٠ ألفا في عام ٢٠١٩.

٢. التعلم من الخبرات العالمية، وابتكار آلية لإعداد المواهب

أصبحت المنافسة في الفضاء الإلكتروني على نحو متزايد مسابقة للمواهب. وأوضحت استراتيجيات الأمن السيبراني لمختلف البلدان الترتيبات المفصلة لإعداد مواهب الأمن السيبراني بشكل عام، وعملت جميع دول العالم على زيادة العدد الاحتياطي من مواهب الأمن السيبراني من خلال التدريب المهني وتكليف المؤسسات التعليمية بتدريب المواهب وتنظيم مسابقات القراصنة.

في الوقت الحالي، أصدرت أكثر من ٥٠ دولة تشمل الولايات المتحدة ودول الاتحاد الأوروبي وروسيا واليابان الاستراتيجيات الوطنية للأمن السيبراني ووضعت البرامج الخاصة بإعداد مواهب الأمن السيبراني. على سبيل المثال، في عام ٢٠٠٣، قامت الولايات المتحدة بإدراج برنامج التعليم للأمن السيبراني في "الاستراتيجية الوطنية

لحماية الفضاء السيبراني"؛ وفي عام ٢٠١٢، نشرت الولايات المتحدة "المبادرة الوطنية لتعليم الأمن السيبراني"، واقترحت بوضوح على زيادة العدد الاحتياطي من مواهب الأمن السيبراني وإعداد الفرق المحترفة لمواهب الأمن السيبراني. وأشارت بريطانيا بوضوح أيضا في "استراتيجية الأمن السيبراني" الصادرة في عام ٢٠٠٩ إلى أنه يجب تشجيع إنشاء فرق محترفة لمواهب الأمن السيبراني؛ وفي عام ٢٠١٦، استثمرت الحكومة البريطانية ٢٠ مليون جنيه لإطلاق "مشروع الأمن السيبراني للمدارس والجامعات"، هادفة إلى توفير التدريبات في مجال الأمن السيبراني للشباب وزيادة العدد الاحتياطي لمواهب الأمن السيبراني.

أشار الرئيس الصيني شي جين بينغ في ندوة الأعمال حول الأمن السيبراني والمعلوماتية في ١٩ من أبريل عام ٢٠١٦ إلى أن:" أعمال شبكة الإنترنت هي أعمال الشباب رئيسيا. ويجب اختيار وإعداد المواهب بشكل مختلف، ويجب تحرير العقل والتحريض على المواهب. ومن أجل إعداد مواهب الأمن السيبراني، يجب بذل الجهود الكبيرة، والبحث عن الأساتيذ الممتازين وتأليف مواد التدريس الرائعة وقبول الطلاب الممتازين وإنشاء جامعات من الدرجة الأولى لأمن الفضاء الإلكتروني."

في ٨ أغسطس عام ٢٠١٧، أصدر مكتب إدارة الفضاء الإلكتروني الصينية ومكتب وزارة التربية والتعليم

في ٢٢ من يناير عام ٢٠١٨، توقعت جامعة بكين للملاحة الجوية والفضائية اتفاقية تعاون استراتيجية مع شركة يوان شين للتكنولوجيا ببكين، وسيقوم الجانبان بالتعاون الشامل في مجالات تطوير أنظمة التشغيل الأمنية الصينية الصنع وإعداد المواهب العملية لأنظمة التشغيل الصينية الصنع وتشجيع تحويل البحوث العلمية إلى الإنجازات العلمية، هادفتين إلى إقامة نموذج رائع في مجال "أمن الفضاء الإلكتروني".

الصينية بشكل مشترك "تدابير إدارة المشروعات النموذجية لبناء جامعات الأمن السيبراني من الدرجة الأولى"، وأوضحت "التدابير" أن إدارة الفضاء الإلكتروني الصينية ووزارة التربية والتعليم قررتا تنفيذ المشاريع النموذجية لبناء جامعات الأمن السيبراني من الدرجة الأولى في لفترة ما بين عامي ٢٠١٧ و٢٠٢٧، تشكيل ٤ إلى ٦ جامعات أمن سيبراني على المستوى العالمي العالي. ونظمت إدارة الفضاء الإلكتروني ووزارة التربية والتعليم بشكل مشترك الخبراء والممثلين من مختلف المجالات لتقييم الجامعات التي طلبت المشاركة في هذه المشاريع النموذجية. ووفقا لنتائج تقييم الخبراء، تم تحديد ٧ جامعات كالدفعة الأولى من المشاريع النموذجية لبناء جامعات الأمن السيبراني من الدرجة الأولى، وهي جامعة العلوم والتكنولوجيا في الصين وجامعة ووهان وجامعة شيآن للتكنولوجيا الإلكترونية وجامعة بكين للملاحة الجوية والفضائية وجامعة سيتشوان وجامعة الجنوب الشرقي وجامعة هندسة المعلومات لقوات الدعم الاستراتيجي التي تشكلت عن طريق دمج معهد دراسة اللغات الأجنبية لجيش التحرير الشعبي وجامعة هندسة المعلومات لجيش التحرير الشعبي.

في السنوات الأخيرة، بفضل توجيهات إدارة الفضاء الإلكتروني الصينية واللجنة الوطنية للتنمية والإصلاح ووزارة التربية والتعليم، سعت القواعد الوطنية لمواهب الأمن السيبراني والابتكار إلى تعزيز القيادة التنظيمية وصياغة الخطط الرفيعة المستوى واستكشاف الآليات المبتكرة وبناء نمط جديد تقوده الحكومة وتتعاون فيه الجامعات والشركات وتشارك فيه القوى الاجتماعية. وأصدرت الصين سلسلة من السياسات التفضيلية لتهيئة بيئة إيكولوجية جيدة وبذلت الجهود لجذب الاستثمارات الأجنبية وتشجيع تسريع عملية توقيع اتفاقيات المشاريع وتنفيذها وبناء المجمعات الصناعية الممتازة وتسريع تطوير صناعة الأمن السيبراني. وإذا خضعت التكنولوجيا الأساسية لقيود الآخرين وخضعت البنية التحتية الحيوية لقيود الآخرين، فلا يمكن تحقيق التنمية المستدامة لصناعات بلد ما. وعملت القواعد الوطنية لمواهب الأمن السيبراني والابتكار على حل هذه المعضلة، وبذلت الجهود في جمع موارد الابتكار في العلوم والتكنولوجيا اعتمادا على تعزيز الابتكار، وخلق بيئة مفتوحة للتبادلات واستيعاب التقنيات المتقدمة لتحسين المستوى التقني العام للأمن السيبراني.

من أجل تسريع إعداد مواهب الأمن السيبراني وبناء تخصصات الأمن السيبراني في الصين، وبفضل توجيهات إدارة الفضاء الإلكتروني الصينية، أطلق صندوق الأمن السيبراني التابع لمؤسسة تطوير شبكة الإنترنت الصينية أنشطة التقييم لجائزة مواهب الأمن السيبراني وجائزة المعلمين الممتازين وجائزة موارد التدريس الممتازة والمنح الدراسية. ووفقا لطرق المكافأة لمختلف الجوائز، من المخطط مكافأة شخص بارز واحد و١٠ أشخاصا ممتازين في مجال الأمن السيبراني و١٠ معلمين ممتازين وتقديم المنح الدراسية لـ ١٠٠ طالب ممتاز يدرس للحصول على شهادة البكالوريوس

في ١٩ من سبتمبر عام ٢٠١٨، أقيمت مراسم توزيع الجوائز لمواهب الأمن السيبراني المتازين والمعلمين المتازين في مجال الأمن السيبراني في مدينة تشنغدو بمقاطعة سيتشوان.

و١٠٠ طالب ممتاز يدرس للحصول على شهادة الماجستير في مجال الأمن السيبراني كل عام. وتتم مكافأة مواهب الأمن السيبراني البارزين بمبلغ مليون يوان صيني لكل منهم، ومكافأة مواهب الأمن السيبراني المتازين بمبلغ ٥٠٠ ألف يوان صيني لكل منهم، ومكافأة المعلمين المتازين في مجال الأمن السيبراني بمبلغ ٢٠٠ ألف يوان صيني لكل منهم، ومكافأة موارد التدريس المتازة بمبلغ ١٠٠ ألف يوان صيني لكل منها، ومكافأة طلاب البكالوريوس المتازين بمبلغ ٣٠ ألف يوان صيني لكل منهم، ومكافأة طلاب الماجستير المتازين بمبلغ ٥٠ ألف يوان صيني لكل منهم. ولعبت هذه المكافآت دورا هاما في تعزيز إعداد مواهب الأمن السيبراني في الصين. وتم تأسيس صندوق الأمن السيبراني التابع لمؤسسة تطوير شبكة الإنترنت الصينية بفضل الأموال الاجتماعية التي تم التبرع بها بدون شرط.

في المواجهة في الفضاء الإلكتروني، "إذا لا تعرف من يشن هجوما، فلا يمكنك الدفاع عنه"، ومن المهم أن نعرف أفكار المهاجم ووسائل هجومه، ويعد هذا ميزة مسابقات الأمن السيبراني على التعليم التقليدي أيضا. وتعتبر DEFCON وPWN٢OWN من المسابقات العالمية الشهيرة للقراصنة الإلكترونيين. وفي الصين، هناك مسابقة القبض على العلم (Capture The Flag) ومسابقة تحليل البيانات والمنافسة الهجومية والدفاعية للروبوت وغيرها من مسابقات الأمن السيبراني، هناك مسابقة أمن البيانات للطلاب الجامعيين التي قد أقيمت لمدة عشر سنوات ومسابقة تكنولوجيا الأمن السيبراني الدولية XCTF ومسابقة الترياتلون في أمن المعلومات ومسابقة تكنولوجيا الأمن

في سبتمبر عام ٢٠١٨، أقيمت مسابقة مهارات الأمن السيبراني في مدينة تشنغدو بمقاطعة سيتشوان باعتباره أحد الأنشطة المهمة في فعاليات أسبوع دعاية الأمن السيبراني عام ٢٠١٨.

السيبراني الصينية ومسابقةRHG. ومن خلال تنظيم مسابقات الأمن السيبراني، يمكن جعل المزيد من الناس يفهمون سيناريوهات تطبيق الأمن السيبراني في الحياة اليومية وعملية التطور الوظيفي، ويعد تنظيم هذه المسابقات وسيلة مهمة لاستكشاف وإعداد واختيار مواهب الأمن السيبراني ويعد وسيلة فعالية لتحسين نظام التدريب والتعليم في مجال الأمن السيبراني. ومازالت مسابقات الأمن السيبراني في الصين تتطور باستمرار.

أطلقت وزارة التربية والتعليم الصينية في عام ٢٠١٤ "برنامج التعليم التعاوني بين الشركات والجامعات". ومنذ تنفيذ المشروع، ازداد عدد الشركات وحجم الاستثمارات وعدد المشروعات وعدد الجامعات التي شاركت في البرنامج ازديادا كبيرا كل عام. وفي مايو عام ٢٠١٨، أعلنت إدارة التعليم العالي التابعة لوزارة التربية والتعليم الصينية عن المبادئ التوجيهية لمشاركة الدفعة الأولى من المشروعات في برنامج التعليم التعاوني عام ٢٠١٨، وقدمت ٣٤٦ شركة الأموال والأجهزة والبرمجيات بقيمة نحو ٣,٥١٥ مليار يوان صيني لدعم ١٤٥٧٦ مشروعا. ويعد أمن الفضاء الإلكتروني جزءا مهما في هذا البرنامج. وشاركت شركة تينسنت وشركة تيان رن شين وشركة ٣٦٠ وغيرها من الشركات الصينية الشهيرة بنشاط في البرنامج لتقديم الدعم.

من أجل تعزيز بناء فرق المعلمين في مجال الأمن السيبراني، نظمت إدارة الفضاء الإلكتروني الصينية نحو ٢٠ معلما مهما كل عام للمشاركة في الدورات التدريبية في الدول الأجنبية. وفي الوقت الحالي، قد انتهت ٣ دورات

تدريبية في الولايات المتحدة وإسرائيل وبريطانيا. وفي كل دورية تدريبية، دعت الإدارة الخبراء المشهورين دوليا لإلقاء المحاضرات ونظمت التبادلات العميقة بين المعلمين الصينيين والمعلمين الأجانب، وقادت المعلمين الصينيين لإجراء الزيارة الميدانية في الدول التي أقيمت فيها الدورات التدريبية لمعرفة أحوال التعليم في مجال الأمن السيبراني وأحوال تطور صناعة الأمن السيبراني.

تمسكت الصين بمفهوم اكتشاف المواهب بشكل مختلف وتقييم المواهب بشكل علمي وإعداد المواهب بشكل دوري وعملت على بناء تخصص "أمن الفضاء الإلكتروني" من المستوى الأول، وقامت الجامعات باندماج العلوم الطبيعية والعلوم الهندسية والعلوم الاجتماعية في تخصص "أمن الفضاء الإلكتروني"، الأمر الذي خلق الشروط الأساسية لبناء وتطوير نظام إعداد مواهب متعددة المستويات في مجال الأمن السيبراني. وعملت الصين على تعميق نموذج إعداد المواهب المتمثل في "التعاون بين السياسات و الإنتاج والتعليم والبحوث والتطبيق" والتمسك باستراتيجية "الخروج والدخول" وتعزيز القدرة العملية والقدرة الإبداعية على إعداد المواهب وتفعيل دور التنوع العالمي وتوحيد معايير تطوير المواهب وبناء آلية مواهب مبتكرة ذات النفوذ العالمي.

تدعو المهن المبتكرة إلى مواهب ابتكارية، ويجب علينا اكتشاف المواهب في الممارسة المبتكرة وإعداد المواهب في أنشطة الابتكار وجمع المواهب في القضايا المبتكرة، ومواصلة بناء فريق كبير يتمتع الحجم الضخم بالهيكل المعقول والجودة العالية.[a]

إن إعداد واستخدام واحتياط مواهب الأمن السيبراني في الصين يجب الاعتماد على مبدأ الجمع بين "الإعداد المحلي والجذب من الخارج"، وخاصة على خلفية وجود الاحتياجات الملحة للمواهب البارزين لتكنولوجيا الشبكات في الصين، من الضروري زيادة الجهود لجذب المواهب الأجانب بشكل مختلف. ومن أجل تحسين آلية إعداد مواهب الأمن السيبراني، يجب تفعيل دور تعاوني للجامعات ومؤسسات البحث العلمي وشركات الإنترنت وتعميق التبادلات للمواهب الدوليين والجمع بين الموارد المختلفة وإعداد مواهب الأمن السيبراني المبتكرين.

كقوة ناشئة مهمة في حوكمة الأمن السيبراني الدولية، ستقدم الصين مساعدات ودعما مستداما للبلدان النامية في بناء القدرات في حماية الأمن السيبراني، بما في ذلك نقل التكنولوجيا وبناء البنية التحتية الحيوية للمعلومات الرئيسية وتدريب الموظفين، وعملت على سد "الفجوة الرقمية" بين البلدان النامية والبلدان المتقدمة حتى يمكن مزيدا من أبناء الشعب في البلدان النامية من تقاسم فرص التنمية التي يوفرها تطور شبكة الإنترنت.

---

a مقتبس من: كلمات الأمين العام شي جين بينغ في ندوة الأعمال حول الأمن السيبراني والمعلوماتية في ١٩ من أبريل عام ٢٠١٦.